大是文化

1,000萬爆款文案賣貨聖經

最強文案產生器，
超過50家電商指名文案操盤手兔媽，親自示範，照套就賣翻！

50家以上電商指名，千萬文案操盤手
兔媽（李明英）◎著

推薦序一　文案，把個人技能變現的最強武器／歐陽立中　7
推薦序二　七千萬爆款文案，你也可以／李洛克　11
前　言　如何從零寫出千萬爆文，每月多賺五萬元？　15

第一章　寫出爆款文案的基本功　23
1　花二十分鐘做產品測試　24
2　不說「顧客」，而是直呼其名　34
3　找出買方的極痛點，他會瘋搶下單　45
4　「3＋5」模型，滯銷品也有超級賣點　55
5　寫不出來怎麼辦？文案高手這樣蒐集素材　65
6　三種架構，輕鬆搞定八〇％的文案　74

CONTENTS

第二章 爆款文案產生器，五個公式照套 89

1 所有好文案，都有一個好標題 90

2 勾魂開場三法則，讓讀者只刷你的文 102

3 塑造信任，顧客證言＋翻譯權威 113

4 利用恐懼心理，他秒付款 130

5 你要講人話，但不是講白話 143

第三章 實際操盤四步驟，小編也能創造十萬＋ 157

1 引爆痛點，閱讀量增十倍 158

案例１：短短三天要上線，我如何讓鼻噴劑從滯銷到缺貨？ 161

案例２：低單價洗面乳，靠這招快速抓住眼球 174

案例3：一晚一萬單！一條毛巾，竟讓顧客非買不可？ 184
案例4：用對人設故事，打造網銷最夯英語課 197

2 勾魂，你只有三秒 208

案例1：減肥器材爆多，如何增加銷量一〇％？ 209
案例2：SCQA式標題×兩次衝突，九九％的文案都能照套 219
案例3：防彈咖啡熱銷全球，其實只用這一招 232

3 高潮正文三分鐘，顧客掉入欲望陷阱 245

案例1：高單價的土蜂蜜，如何賣到脫銷、連文案大神也按讚？ 245
案例2：比競品貴三倍，這三個字卻讓它稱霸傘界？ 259
案例3：小糖果靠網紅命名法，擊潰九〇％對手 270

4 不自嗨、不生硬，顧客一〇〇％信任你 279

案例1：不被看好的產品，竟救活一家企業？ 280
案例2：鍋子比別人貴二十倍，爆單卻多五倍 298

第四章 拆解爆文，偷學賣貨邏輯 309
1 寫文案的三大誤解、三個前提 310
2 拆解爆文的五個步驟 315
3 四個管道，讓你每天不缺好素材 320
第五章 這是你通往財富自由的最強武器 323
1 朋友圈賣貨：建立兩個人設，打三次交道 324
2 社群賣貨，零基礎也能收款十萬元 338
3 用賣貨思維提升六〇％的成交率 349
4 影響力模型，教你打造吸金網紅ＩＰ 358

推薦序一

文案，把個人技能變現的最強武器

爆文寫作教練／歐陽立中

我最討厭一個成語，叫做「曲高和寡」。為什麼呢？

因為很多人總用它來當逃避的藉口。產品沒人買，就在那邊感嘆：「唉，現在消費者只想買便宜貨，曲高和寡啊！」開課沒人報名，又在那邊抱怨：「真是的，現在的人都不學習，整天混吃等死嗎？」他們彷彿覺得，產品推出後，購買是消費者的義務，自己只要負責躺著數鈔票就好。

事實上，沒有人有義務購買你的產品，但你有義務**讓產品被人記住**。靠什麼？答案是：「**文案**」！

不過麻煩來了，你說自己什麼都會，就是不會寫作。文案這詞一聽就很高冷，自己絕對無法勝任。喂，別這麼快就自暴自棄好嗎？

如果有文案高手指路，手把手教你學到會，**把文案變成步驟，你只要按步驟操作，就能讓產品賣爆**。你願不願意學？

你說，當然願意，可是學費應該不便宜吧？

如果我說，學費大約四百元左右，你信嗎？你睜大眼睛，一副不可置信的模樣，千元大鈔都掏出一半了，硬生生收住。我沒騙你，因為這套爆款（按：指銷量極好的商品）文案技巧，就在兔媽的《七千萬爆款文案賣貨聖經》！

她跟你我一樣，非文案科班出身，但憑藉自學和鑽研，打磨出一套爆款文案技巧，總共有十一個文案細節，像是產品測試、深挖痛點（按：客戶需要解決的問題）、搭建架構、吸睛標題、勾魂開場、成交下單等。每種要素底下，又像是食譜般，精準細膩交代烹飪文案的步驟，像是「3＋5」模型、SCQA痛點模型、快速成交六式等。

更厲害的是，書裡還直接收錄十二篇爆款文案案例，勾動你的文字味蕾。畢竟，想成為大廚，必須先成為饕客；想成為文案高手，必須先成為好讀者！

是的，七千萬的銷售文案祕訣，竟然讓你四百元入手！我不知道作者兔媽在想什麼，但我知道你賺翻了！

咳咳，不知道你發現沒有？

上面我寫的那一大段，形式上是推薦序，但本質上卻是「文案」。而這篇文案，正是我照著書裡方法寫出來的！你看出文案裡的玄機了嗎？

一開始是「深挖痛點」，找出消費者經常發生的生活場景；再來是「搭建架構」，我提供解決方案、具體產品再加上論據；最後是運用快速成交裡的「價格錨定」……。

對不起，我顧著自嗨，卻沒注意到你已經買好《七千萬爆款文案賣貨聖經》，準備潛心鑽研。那就不打擾你閱讀了。

我知道不久之後，我會因為你的爆款文案，而情不自禁的下單。

推薦序二

七千萬爆款文案，你也可以

《故事行銷》作者／李洛克

接到這本《七千萬爆款文案賣貨聖經》的推薦序邀約，我幾乎是第一時間答應。因為文案雖然類型廣、定義多，但實際賣出了多少產品、創造了多少營收，我認為這是檢驗文案成功與否的通俗指標。

我自己也操作品牌電商的文案內容，雖然每年都能保持千萬級營收，但也親身經歷靠文案推升營收的撰寫難點。這本作者兔媽實操七千萬營收的心血結晶，我想是非常值得文案人觀摩拜讀的。

我總是強調，在讀任何工具書之前，都必須了解作者的背景脈絡，你才知道這些建議是如何形成？你該怎麼聽取？怎麼取捨？

兔媽自述是中國農村小孩、學歷一般般、一開始也不懂寫文案，後來靠著努力大量拆解成功文案，整理歸納出一套規則，自己實操後反覆修正，才得了一套自己的方法論，並在本書分享給你。

因此，我們可以知道兔媽是偏實戰派的風格，她的方法論大多是從市場上成功的案例裡學習，然後在自己的作品裡嘗試驗證。

這對讀者的好處是，兔媽分享的技巧都很具體、好上手，作品案例也很豐富，而且每篇案例都會羅列出其中的寫作思路。

不過，由於兔媽研究與實證的場景是在中國的網路市場，我們在閱讀書中成功案例時，也要考量社會文化、生活場景、經濟情況、知識水平、網路生態等層面的不同，所以在閱讀每一個成功案例時，都要習慣去思考：「這個方式在臺灣可行嗎？適合嗎？」多加這一道自我思辨，我覺得才能真正善用此書。

我認為出身農村、實作自學的背景，讓兔媽的文案在大眾心理的認知描述上非常精準，她**尤其擅長寫「說人話」的文案，多用具體、細節、類比等技巧**。

例如，在為新的黃酒品牌寫文案時，她就會將日本的清酒與黃酒做類比，拉高黃酒的價值感。在為產品描述規格時，她會用民眾容易感知的方式，例如產品大小就用幾個拳頭來類比，產品重量就用幾個雞蛋來類比等。

整體的文案風格同時也比較專注在**刺激民眾的痛點、爽點、恐懼、焦慮等強烈情緒，促使讀者行動**。

像這類兔媽的慣用技巧與文案風格都屬於我說的，要考量作者的背景脈絡，才知道為什麼她會重視這些寫法，與此同時，你仍要保有自己思考判斷，才能吸收兔媽的長處，用在適合自己的市場情境。

最後，我最喜歡的篇章還是兔媽大量的作品覆盤，成功文案人的每一篇作品覆盤都很珍貴，也讓我相信每位文案撰寫者一定可以從此書中挖掘出讓自己精進的靈光。

前言
如何從零寫出千萬爆文，每月多賺五萬元？

平時講課時，學員常常告訴我：「兔媽，沒想到聽妳的文案課這樣酣暢淋漓！我以前上過很多文案寫作課，這次終於開竅了。」

我知道他們說的都是實話。其實，我自己就是親身經歷過文案帶來的震撼和快感，因此才渴望把它再傳遞出去的。先和大家聊聊文案帶給我的轉折吧！

二〇一八年九月，一位客戶找到我，說有一款產品的轉化率[1]（Conversion rate，簡稱CVR）不理想，能不能幫忙重寫一篇。週日我們第一次溝通，週四早上六點就要上線測試。他說壓了很多庫存，公司十幾個人等著發薪，天天急得睡不著。於是，我就接下了。

週四早上六點十五分，客戶發來訊息：「十分鐘一百多次閱讀，賣出十一單，比平時高了三、四倍。」九點，賣出五十二單。截至中午十二點，客戶發來最新數據，賣了九十一單，遠超過原來推文（按：指在公眾號等社群平臺上發送的文章）一週的銷量。

1 計算公式為：轉換目標÷訪客人數×一〇〇。單位是百分比（%）；根據不同的行銷目的及品牌屬性，算法也會不一樣。在電商市場，轉換目標指的是完成購買的人數。

第五天，客戶要投某大號[2]頭條，廣告費十七萬元，說實話我既興奮又緊張，中午十二點推，午休都睡不著。下午四點，客戶發來消息說：「爆了，銷售額已經突破一百三十萬元了。」（按：本書人民幣兌新臺幣之匯率，以臺灣銀行二〇二一年七月公告之均價四．三元計算，近新臺幣五百六十萬元。）

四小時，一百三十萬元的銷售額，這是多少公司一個月，甚至一季都很難突破的業績指標。說實話，我第一次見識到文案有如此大的威力。

也許你會說，兔媽，那是因為妳會寫文案啊！其實，我的起點比大多數人都要低。我從小在農村長大，大學只考了一個專科，學的又是和文案不相關的程式設計，入行前沒讀過一本文案書，也沒有老師帶。畢業後費盡周折，我才找到一份月薪八百元的文字編輯工作，當時一份三百字的豆腐塊文章（按：指篇幅小）就被主管要求改了二十多次。我第一次寫賣貨文案，更是被客戶罵了半小時，說沒法用，害他們錯過了推廣黃金期。

如今，之所以能短期做出爆款，主要是因為我這個人喜歡追根究柢。我拆解了市面上日化（按：日用化學工業產品的簡稱）、護膚、食品、教育、服飾、養生和黑科技等各領域的爆文，總結出一些爆款文案的共同點，並在實際操作中，創新、反覆運算出自己的一套爆款方法論。我就是用這套方法，半年幫商家打造了五個千萬級爆款。而且很多學員用這套方法，也快速做出了自己的爆款。

可能你會懷疑：「兔媽，我買過很多文案書、寫作課，都說一看就懂，但我一寫就慌了，我是不是不適合學文案？」關於這個問題，我可以告訴你，原因就是你學習和練習的方法不對。

賣貨文案寫不好的人，主要存在以下三大致命問題：

1. 憑感覺寫文案，忽視用戶，容易自嗨。

很多人寫文案總是講自家產品多好，羅列出很多賣點或特色，其實這樣對讀者根本就沒有吸引力。

寫文案不但要了解產品的核心賣點，更要了解你的目標使用者。他們有哪些喜好和弱點，以及在購買過程中，容易受哪些因素影響。只有真正了解目標使用者內心想要什麼，才能輕而易舉的把產品賣給他。

2. 照抄文字套路，忽視邏輯和案例拆解。

在文案圈有個非常不好的習慣，就是很多人喜歡照抄一些爆文句式。就像我的很多案例公開後，有人就會照那個句式去套，結果往往是轉化率很慘！

為什麼？因為你的產品和使用者不一樣，需要論證的要點和方式當然也不一樣。

很多人會說，寫文案不就是從模仿開始嗎？的確，模仿能讓你更快上手，但就像學生造句一樣，如果你只停留在造句階段，就永遠都學不會寫文案。

2　指中國社群軟體「微信」上粉絲眾多的公眾號。

模仿不是直接複製，而是要拆解它的賣貨邏輯。論點是什麼？如何論證的？這樣相當於你間接操盤了一遍，才能事半功倍。

3. 每天無效練習，忽視覆盤[3]和素材積累。

很多人非常用功，甚至有些人哄睡孩子完都十二點了，還要練習寫作。但堅持一段時間後就跑來問我：「兔媽，我這麼努力，為什麼還是寫不好？」

其實，很多人都會誤解，誤把重複性勞動當努力。如果仔細觀察，就會發現他寫一個月、兩個月，水準還和第一篇一樣，沒什麼進步。

看似埋頭苦練，實際上只是感動了自己。努力的真正含義是，每一次練習都比上次好一點。重要的不是你寫了多少篇，而是每次練習有沒有覆盤。

那麼，真正有效的訓練方式是什麼呢？

不管學什麼技能，你首先要研究的是整個操作流程。就拿賣貨文案來說，你首先要搞清楚拿到一個產品要從哪一步開始、查哪些資料、蒐集哪些素材、寫文案時如何搭建架構、要注意哪些細節等。然後，根據這個流程，把它拆分成細項，並針對分項進行練習。最後，再做整合訓練。

我就是透過這樣的方法，短時間從新手逆襲成賣貨高手的。我把打造賣貨爆文拆分成十一個細節，分別是：**產品測試、顧客分析、痛點診斷、超級賣點、素材蒐集、搭建架構、吸睛標題、勾魂開場、塑造信任、成交下單和優化自檢**等，這也是本書的核心內容。

其實，這個靈感源自於我的一次意外思考：我曾接了一個多功能鍋的文案撰寫。這個鍋非常萬能，可以煮火鍋、做早餐、做愛心煎蛋，還能做燒烤、披薩和蛋糕等。寫文案前要做測試，我就做了一次蛋糕和培根金針菇卷，結果烤失敗了。當時我失望的給客戶回饋：「這個鍋子不好控制時間。」她說：「妳是照食譜做的嗎？」我說：「不是。」然後，我又對照一起寄來的食譜試了一遍。嚴格執行上面的操作步驟、烹飪時間，結果成功了。

當時我就在想：對於零廚藝的我，既然可以參照食譜做出好吃的美食，一定也可以把自己操盤爆款的經驗做成一本文案教材，讓文案新手對照步驟和方法就能寫出爆款文案。所以，最終有了這本《七千萬爆款文案賣貨聖經》。

閱讀這套可直接對照操作的賣貨文案方法，可以幫你達到以下目標。

1. 提升文案技能，讓人剁指也要下單。

如果你是大學生、媽媽等零基礎的文案新手，可以讓你掌握賣貨文案的整個操作流程；並以十萬＋標題（按：指閱讀量）、勾魂開場、引導下單的爆文寫作方法，幫你快速入門。

如果你是剛入門的新媒體寫作者，可以帶你快速進階成文案高手。

如果你是商家，讓你知道普通文案和千萬爆款文案的區別，找出轉化率增長的關鍵點。

3 原為圍棋術語，意指探究對弈內容；這裡指回頭檢討做法的優劣與原因，以總結出新的思維與方法。

2. 實現副業賺錢、升職加薪。

首先，賣貨文案是所有寫作中最賺錢的，掌握文案就相當於擁有一臺印鈔機。

其次，提升你的職場競爭力，實現升職加薪。

還有，打造個人影響力，實現時間和財務自由。

另外，在寫作本書時，我訂定了個標準，就是：即便沒有任何基礎的文案新手也要能看得懂、學得會、用得上。所以，最終選擇了以經驗總結和案例拆解的形式來呈現。而且，你會發現，在第三章案例的部分，都是將案例分段拆解。也許有些讀者會覺得各案例之間沒有太大差別，但其實這是經過我教學驗證的。

比如標題章節的案例，點擊率比平時平均高一．五至五倍。開場章節收錄的是最能引人興趣和注意力的案例，正文章節則收錄了邏輯最嚴密的案例。

其實，這種形式比單獨把標題、開場、引導下單的方法和案例簡單羅列出來要費很多功夫。但這些具體的方法和技巧，能教會你搭建架構的邏輯和整理，這也是許多新手快速入門的高效學習方式。

本書集合了十二個爆款案例，涉及護膚、美食、黑科技、養生、日化和知識付費等不同領域。當你把這些案例研究透徹，就會發現在拿到一個新品時，大腦中能夠快速建立一套清晰的模式，更快釐清思路。

在寫作本書前，我做過一次調查研究，九二%的文案寫手面臨的兩個最大困惑是：第一，不知道如何談客戶。經常是報完價就沒了下文，很鬱悶。第二，不懂得打造影響力。只能被動的等客戶點名或產生互動，有時候運氣好可能會接到一單，但下一單就不知道在哪裡，收入很不穩定。

針對大家普遍存在的兩個困惑，我也在這本書分享了自己的談單經驗，教你如何成交和打造個人影響力。

文案進階的路很難，它需要你刻意練習、長期堅持，並不斷總結、優化。但我相信，本書可以讓你走得更輕鬆。

第 1 章

寫出爆款文案的基本功

1 花二十分鐘做產品測試

說到產品測試，最常見的是下面這三種情況：

第一種是不做測試，商家說一是一，說二是二。商家說：這個產品用的是最好的原料、最先進的製作、最環保的包裝，得過很多獎項。你聽完就開始動筆，反正是怎麼高檔、大氣就怎麼寫，結果寫成了自嗨的產品說明書。

第二種是簡單試用，描述粗淺的感受。比如「口感很好」、「聞起來很香」等，結果消費者看了完全沒感覺。

第三種是忽視對比，僅憑感覺判斷。隨便看了看，覺得和市面上同類產品都差不多，沒什麼特別之處。然後上網搜尋一下，東拼西湊一篇文案，可想而知，轉化效果很慘！

在你抱怨轉化率上不去、顧客不買單時，你有沒有和你的產品談過戀愛？

圈裡有位很要好的朋友濤哥，他也是我的導師，現在一篇文案收費十萬元起。他曾接了一個衛生棉的案子，對於商家來說，發一份詳細的產品報告就行了。他卻堅持要測試，而且還要和其他品牌比較。他的一句話讓我印象很深刻：「**只有和產品談過戀愛，才能抓到產品的尖叫點，寫出那個感覺。**」（按：以尖叫譬喻文案必須能夠引起消費者的興趣及情感，才能真正讓人產生分享和傳播的欲望。）

花一些時間研究產品，可以獲得以下三大好處：

1. 測試產品過程中，更容易讓你代入顧客的角色，發現一些非常棒的場景和靈感。
2. 對產品實際效果有清晰的認知，這種真實體驗能讓你把文案寫得更加吸引人。
3. 準確分析產品和競品的優缺點，找出差異化賣點，更容易與顧客建立有價值的信任感。

也許你會說：「我每次都有親自試用產品啊！」但你可能大多時候往往只停留在產品的顏色、大小、口感、功能等基本資訊的層面，而忽略了更重要的一個資訊——**競品**。

大家先來思考一下：我們做產品測試的核心是什麼？

其實，做產品測試不僅僅是為了寫出那段試用體驗，否則商家找個顧客寫一段使用心得就行了。具體來說，產品測試的核心是**尋找產品的價值錨**。

這裡，先給大家解釋一下什麼是價值錨。

心理學上有個詞叫「錨定效應」（Anchoring Effect，又稱沉錨效應），指的是人們在對某人、某事做出判斷時，容易受到第一印象或第一資訊的支配，就像沉入海底的錨一樣，把人們的思路固定在某處。

價值錨就是從使用者的角度出發，從產品功能、競品分析、試用體驗等多個面向，尋找他們對一款產品做出判斷的價值錨點。

這樣說可能還是有點抽象，我來舉個大家都非常熟悉的例子。

小米手機剛推出的時候，品牌不強、行銷通路也不強，怎麼辦呢？小米的撒手鐧只有一招——跑分（按：指衡量性能高低的方式），就是透過協力廠商測試軟體來「跑分」，讓用戶直接感知到小米手機的運行速度比其他手機快。這就是「價值錨」，它是透過產品測試來實現的。

之所以說尋找產品的價值錨是產品測試的核心，就是因為我們需要透過測試自家產品和市面上的競品，找出產品的差異化賣點，就是所謂的產品尖叫點，並透過使用者可直接感知的方式，比如相應的測試和試驗，證明差異化賣點的真實可靠性。

在下筆寫文案之前，你必須考慮清楚一個問題：「為什麼顧客要購買我的產品，而不是競爭對手的？」

如果你沒有仔細研究、測試過，在實際的文案寫作當中，就會遇到很大的困難——寫不出差異化和真實感，無法打動顧客，讓其掏錢購買。

把自己當半個專家，記下每一步感官體驗

那麼，我們到底要如何做產品測試呢？

首先，你要清楚產品測試的步驟。我根據自己的操作經驗，總結出了以下五個步驟。

● 了解產品品類。

很多人會告訴你，想像自己剛剛購買了這個產品，讓自己像一個興奮好奇的孩子，打開包裝、觀賞產品、開始使用，然後記錄下你的體驗過程就可以了。

但這樣你會發現：每一個細節都記下了，卻很難掌握要凸顯的核心點。更糟糕的是，如果是你完全不了解、不熟悉的產品，體驗起來是無感的，就像很多人第一次喝紅酒，會覺得「怎麼會這麼難喝？」是一樣的道理。

那麼，我們應該怎樣去描述其中的韻味和美感呢？我就有一次這樣的經歷。

我曾經接了一個黃酒（按：中國釀造米酒）的案子。我從不喝酒，面對客戶寄過來的一箱黃酒，我連喝了兩杯，完全無感。客戶說的手工釀造、有糯米的甜香，我是完全感受不到的。怎麼辦？我只能先去了解黃酒這個品類，以及它的製作、原料以及流傳的故事等。

當我了解了這些內容，再倒一杯品嚐，就找到那種感覺了。所以，了解產品的品類，**把自己培養成半個產品專家是第一步**。

● 確定測試指標。

產品測試的核心是找到產品的價值錨，這個價值錨一定是可直接感知的，而不能僅僅是籠統的描述。

現在的消費者越來越理性，你要透過理性、嚴謹、有邏輯的方式支撐你的主觀體驗。所以，在了解產品品類後，你還要**確定核心的測試指標**。

還是黃酒的案例，當時我就確定了兩個測試指標：一是搖晃酒杯的時候是否掛杯（按：指杯壁上留下酒痕，一般用來判斷酒的口感厚薄程度及質地）；二是塗抹在手上，晾乾了之後是否黏手。

再比如，你測試的是一款T恤，根據產品屬性和顧客群的偏好，就可以確定測試指標：①透氣性。用加溼器穿透摺疊四層的T恤，看霧氣的大小。②排汗效果。滴上幾滴水，看吸收的快慢程度。

● 記錄測試內容。

準備一個本子、一支筆，**記錄下你每一步的感官體驗**，包括你看到的、聽到的、聞到的、嘗到的、觸摸到的、內心感受到的等。

比如，測試完黃酒後，我的紀錄就是：琥珀色的金黃，晶瑩剔透，香氣濃郁卻不苦，喝到嘴裡有點類似陳皮、香草、巧克力的複合味道，不辣口，胃裡暖暖的，像個溫潤的江南少女。

另外，還要記錄核心指標的測試過程和結果。

● 列出替代競品。

這也是在做產品測試時，容易被很多文案人忽略的一點。

很多人會說：「我做好自家產品測試不就行了嗎？」但別忘了，顧客在思考購買決策時，面對的除了你家的產品，還有其他形形色色的競品。所以，你要**列出顧客常用的替代競品**，一般是市面上同品類、同價格區間的前兩到三種競品。比如，對於黃酒，就有紹興黃酒、北方小米黃酒和廣東客家黃酒等。

然後，根據你確定的測試指標，去了解替代競品的情況。透過與競品的橫縱向對比，**找出產品的差異化賣點**。

用感官體驗＋對比測試，激發顧客購買欲望

這時候可能有讀者朋友會說：「兔媽，我寫一篇文案可能就收幾百元，如果把競品都買回來，豈不是倒貼錢？」所以，這裡我說的是「列出替代競品，了解競品指標情況」。

你不需要把競品一一買回來，具體可以透過兩種方式來操作：一是和身邊使用過同類競品的人聊聊，去超市同類競品櫃檯，和銷售員或者前來購買的顧客聊聊。另外，還可以去競品的官方網站看看，了解它們的具體情況，比如配方、製作和原料等。二是列出競品清單，讓合作廠商去買，並溝通清楚需要如何測試和對比。

● 填寫測試分析表。

做完以上幾個步驟，最後一步就相對容易了。你可以把第三十一頁的表1的產品測試分析表保存下來，方便以後做產品測試及釐清思路。

為了幫助你更好的掌握，結合產品測試分析表，我再強調四個要點。

第一個要點：在測試基礎資訊時，比如大小、重量、厚度等，不僅是透過直尺、電子秤等測量出精確的資料，更要透過與拳頭、雞蛋、A4紙等顧客熟知的事物進行對比，讓顧客更容易直接理解。另外，就是透過具體的場景測試，來給出直接可感知的效果描述。

比如你測試的產品是粉底液，差異化賣點是抗汗、防水效果好，你在測試時就可以代入顧客日常生活的場景，比如游泳、跑步的時候，測試是否脫妝。但這裡可能會有個問題，就是商家催得比較急，你真的抽不出時間去體驗，怎麼辦？這時候有兩種解決方法：第一，將這個需要測試的場景列出清單，讓商家輔助完成；第二，根據產品的屬性和確定的測試指標做挑戰實驗。

例如，你要測試粉底液的防水效果，就可以把粉底液塗在手上或臉上，然後用小噴壺噴水，測試是否脫妝。測試衛生棉的吸水性，可以用藍墨水倒在上面，和其他品牌對比吸收度。測試強力黏膠掛鉤是否黏得牢，也沒必要等上一週看是否掉落，只需把一桶水倒上去，看承受能力。

第二個要點：特色功能，需要說明的是，不同產品的特色功能是不一樣的，比如水果是甜度、水分等，護膚品是滋潤度、遮瑕度、持久度、吸收度等，服裝是材質、塑身效果，養生保健類的產品則是針對某症狀的實際改善程度。

另外，基礎資訊和特色功能不同，對應第三項使用體驗的側重點（按：重點中的重點）也不同。比如，水果要側重描寫視覺、味覺和觸覺，服飾類產品要側重視覺和觸覺，養生保健類則要側重味覺和內心感受的描述。

如果是課程類的產品，特色功能就是課程設計的內容、方法易操作度、案例豐富程度、講

表 1　產品測試分析表

<table>
<tr><td>產品名稱</td><td></td><td></td><td>測試人員</td><td></td></tr>
<tr><td>產品品類</td><td></td><td></td><td>測試日期</td><td></td></tr>
<tr><td colspan="5">產品測試內容</td></tr>
<tr><td>測試項目</td><td colspan="2">紀錄</td><td>直接可感知方式</td><td>星級評分</td></tr>
<tr><td rowspan="3">（一）
基礎資訊</td><td>大小</td><td></td><td>拳頭。</td><td></td></tr>
<tr><td>重量</td><td></td><td>雞蛋。</td><td></td></tr>
<tr><td>厚度</td><td></td><td>A4 紙。</td><td></td></tr>
<tr><td rowspan="4">（二）
特色功能</td><td colspan="2" rowspan="4">● 水果：甜度、水分等。
● 護膚品：滋潤度、遮瑕度、持久度、吸收度等。
● 服裝：材質、塑身效果。
● 養生：○天，某症狀的改善程度。</td><td>比西瓜還甜。</td><td></td></tr>
<tr><td>大太陽下，樓下跑一圈，妝也沒有花掉。</td><td></td></tr>
<tr><td>穿上顯瘦 5 公斤。</td><td></td></tr>
<tr><td>7 天，嗓子潤滑。</td><td></td></tr>
<tr><td rowspan="6">（三）
使用體驗</td><td>視覺</td><td colspan="2">顏色、質地等。</td><td></td></tr>
<tr><td>聽覺</td><td colspan="2">耳朵聽到什麼？</td><td></td></tr>
<tr><td>嗅覺</td><td colspan="2">產品香氣。</td><td></td></tr>
<tr><td>味覺</td><td colspan="2">滋味表達。</td><td></td></tr>
<tr><td>觸覺</td><td colspan="2">口感、觸感。</td><td></td></tr>
<tr><td>心理感受</td><td colspan="2">內心感受到的。</td><td></td></tr>
<tr><td rowspan="4">（四）
測試實驗</td><td>抗汙實驗</td><td colspan="3"></td></tr>
<tr><td>承重實驗</td><td colspan="3"></td></tr>
<tr><td>安全實驗</td><td colspan="3"></td></tr>
<tr><td>燃燒實驗</td><td colspan="3"></td></tr>
<tr><td>（五）
替代競品
情況</td><td colspan="4"></td></tr>
<tr><td>（六）
小結及
測試分析</td><td colspan="4">1. 產品差異化賣點：
2. 試用體驗的感官描述：
3. 測試素材清單：</td></tr>
</table>

師授課特點等。

第三個要點：測試實驗有些簡單易操作的，你可以自己來完成。有些需要借助專業設備，比如蘋果的甜度測試儀（按：亦稱甜度計）等，你就要根據測試指標列出測試實驗，讓商家輔助完成。

第四個要點：最後一項小結及測試分析，主要包含三個內容：①產品差異化賣點；②試用體驗的感官描述；③**測試素材清單**（這一項最容易被人忽視）。不管是和拳頭的大小對比，還是相關的測試試驗，重要的是要把照片或實驗做成GIF動圖存下來，以便發文使用。

比如，食品類的需要顆粒特寫，膏狀要擠壓出來，液體狀、粉末狀的要盛容器拍攝。玩具類的，要拍攝孩子玩耍的過程、安全測試等。

如果你在處理圖片、GIF動圖方面不是很精通，也可以列出測試素材清單給商家，讓他們找專業的人處理，但這個工作是文案人要整理的。

總之，產品測試不外乎包裝、細節以及產品對比等，加上自己對產品體驗的真實感受。不過分誇大自己的產品功能，也不抹黑競品，而是**透過具體的感官體驗和有根據的對比試驗**，讓讀者感受到你和產品的真誠。

下面，透過一個案例，帶你示範產品測試的流程。

假如你要替一個商務筆記本寫文案，廠商給你一份樣品，該從哪裡著手呢？

第一步，你要簡單了解一下商務筆記本這個品類，畢竟商務筆記本和普通筆記本不一樣。

第二步，要根據產品的特色功能確定核心的測試指標，比如是否好書寫、是否挑筆、便利攜帶，以及內頁設計是否便於商務人士記錄日程等。

第三步，記錄試用體驗。

第四步，了解競品情況，並透過相關實驗進行對比。比如，透過水筆、鋼筆進行油墨測試對比，呈現產品不挑筆、好書寫的差異化賣點。

第五步，填寫產品測試分析表。關於產品的大小、顏色、厚度等基本資訊，可以用顧客熟知的 iPad、商務包來做直覺式的對比，並予以呈現。另外，最重要的一點是列出產品測試素材清單。

POINT

爆款文案

- 產品測試的三大好處：①更容易讓你代入顧客角色，發現新靈感。②真實的測試體驗能讓你把文案寫得更加吸引人。③準確分析產品和競品，找出差異化賣點。

2 不說「顧客」，而是直呼其名

曾經有一家廠商找我做諮詢，他是七〇後，做了一款以九〇後為主要客群的熬夜面膜，花一千元找人寫了一篇文章，然後拿三十萬元投了五百多萬粉絲的大號頭條，結果賣不到十萬元。他非常鬱悶，但聊到一半，我就發現了問題癥結——他每次都說：「我認為，我覺得……。」最後我實在忍不住了，便提醒他。

我說：「你有沒有試著去了解你的用戶？」他說：「有啊，就是九〇後啊。而且我是經驗長[4]，每天都在體驗產品，我覺得這個產品非常符合九〇後的個性。」問題就出在這裡：他只知道九〇後這個籠統的資訊，並理所當然的站在自己的角度去臆測九〇後的心思，這中間就產生了代溝。

這也是在做用戶畫像（User Profile，亦稱使用者畫像；詳細說明請參考第三十六頁）時普遍存在的一個誤解：籠統、不具體。

很多人對目標顧客群的了解就是：想變美的女性、職場人士、媽媽等，總之非常寬泛。但問題是，想變美的女性是多大年紀的，她們有什麼閱讀習慣和喜好、消費觀念是什麼、經常出現在哪些場合。如果沒搞清楚這些，你根本無從下手。

例如，我們賣面膜，鎖定的是想要變美的女性。如果要推一個活動，活動主題是「兩折面膜」。但發送以後，報名的用戶可能寥寥無幾。

是用戶不想占便宜嗎？是女性不想變美嗎？肯定都不是。

問題就出在「沒有清晰的用戶畫像」。

比如，二十歲左右的小女生，她們渴望變白、去痘，對價格接受度偏中低端。三十歲的上班族經常熬夜加班，想要去黑眼圈、預防皺紋。而媽媽生育後，有了妊娠紋、皮膚暗沉鬆弛，更想去斑、變緊緻，因為有穩定的收入，對品牌也有更高的要求。

所以，**不要臆測你的客戶，精準知道誰是顧客**比什麼都重要。

常見的第二個誤解：停留在工具和資料層面。

經常有學員說他蒐集到的調查研究資料非常詳細，各個百分比也很精確，但資料找來後就放在那裡，似乎沒起什麼作用。然後，寫文案時還是沒有方向，不知道用戶有哪些需求，抓不到用戶的痛點和爽點（按：痛點為用戶不得不滿足的點；爽點則為用戶能得到即時反饋）。

---

4 Chief Experience Officer，簡稱 CXO：電子商務的新職稱，以完整的使用者經驗為主要職責的主管。

發傳單、開店……客人怎麼來的？

什麼是用戶畫像？用用戶畫像對賣貨文案有什麼用？

用戶畫像是根據目標顧客的社會屬性、生活習慣和其消費行為等資訊，勾勒出一個標籤化的用戶模型。接下來，我來介紹兩個小案例。

我曾做過一家養生店的文案顧問，店裡有兩個實習生，每天給他們同樣的任務就是發兩百張引流傳單（按：吸引顧客進店內消費），結果卻是一個人的傳單到店率總比另一個人高出二五%左右。問他怎麼做的，他說：「發之前，我都想一下哪些人會對養生感興趣、他們有什麼特徵，見到符合這些特徵的人我才發。」而另一個人則是逢人就發。

這個實習生**勾畫出來的符合使用者特徵的人，就是用戶畫像**。

你有沒有想過，老闆為什麼要把早餐店開在住宅區到辦公大樓的路上？學校旁邊的福利社為什麼要賣零食和文具，而不是賣化妝品和鮮花？

在早餐店老闆的眼裡，每天早上必定有一個餓腸轆轆的人從這裡經過，因為趕時間上班，沒空在家吃早餐，所以他要買包子、油條、豆漿、茶葉蛋。而在福利社老闆眼裡，每天必定有一個學生路過這裡，他上學要用筆和本，他貪玩也貪吃，每天的零用錢不多，但可以買一些小零食解解饞。

買早餐的上班族、用零用錢解饞的小學生就是用戶畫像。他是這個群體的虛擬代表，身上有這個群體的全部標籤。

這裡需要注意的是，**用戶畫像應該是單一個人，而不是一群人**。你要揣摩購買者在想什麼、在做什麼，經常去哪些場合，他對什麼文字、什麼儀式有著高度的敏感。只有是一個人，你才能夠清晰的看到他、了解他。

事實上，對於我們文案人來說，沒有精力和專業工具做精細化的用戶統計和分析，也沒有必要做這麼仔細。而單數法則（Rule of Odds）[5]能讓我們更高效的做好用戶畫像。具體怎麼做呢？

就是：**為你的顧客設定角色，不再說「顧客」，而是直呼其名**。

例如，你的目標群體是中產階級的新女性，你就可以描述：「Lily是一位三十歲的上班族，畢業於一流大學，現在在一家新媒體公司做主編，月入兩萬元，居住在北京四環。她同時也是職場媽媽。」這說明了她的年齡、學歷、職業、收入水準和生活狀態。「她把『媽媽是孩子的榜樣』作為座右銘，喜歡閱讀，渴望有更大的提升。平時她會和朋友逛街，也會參加一些成長社群、去國外旅遊。」這句話表明了她經常出入的場所，以及興趣和價值觀。「她對新事物充滿好奇，願意嘗試。但有自己的判斷原則，比如性價比，對於能讓自己體現更好生活水準的東西都會毫不猶豫。她不願意跟隨流行，卻容易被身邊優秀的人影響。」這句話說明了她的消費觀念和購物決策因素。

透過角色設定，你能了解到這個人對哪個儀式和場景敏感，影響她購買決策的因素有哪些

5 指當一幅照片的主體是奇數數量，會使照片更加引人注意；此處指列出顧客的特徵。

等，從而揣摩她對這些詞、場景所產生的心理活動。這樣就更容易與她對話，你也會比針對一群人更有辦法。**如果你能把產品賣給她，也更容易賣給她代表的這個群體**。

那麼，用戶畫像對賣貨有什麼用呢？能幫我們解決什麼問題呢？這也是最關鍵的。它能幫你摸透用戶心理和需求，了解用戶的痛點和渴望，以及影響他們購買決策的因素有哪些，這樣你才能找到切入點、引發共鳴來賣貨。

如何高效的做用戶畫像，並巧妙的用在文案中呢？

我總結了四個步驟。

第一步：搞懂產品功能，按圖索驥找使用者。第二步：提煉關鍵標籤，描述角色設定。第三步：借助大量資料工具，鎖定切入點。第四步：整理賣點排序，做好攻堅對策。

下面，我將以一個實際案例來詳細講解。

這是一款鼻炎噴霧劑（以下簡稱鼻噴劑），當時市面上鼻炎產品非常多，至少有二、三十種，為何我能做到三個月賣破十萬多單、銷售額一千多萬元呢？

其中最重要的一點就是，我把這個群體摸透了。具體我是怎麼做的呢？

用角色設定，找出目標客群

第一步，搞懂產品功能，按圖索驥找使用者。

做用戶畫像的目的是為了賣貨，所以分析用戶畫像也應該先從產品入手，考慮清楚產品能滿足客戶的什麼需求，反向引導出顧客有哪些特徵。

比如，鼻噴劑的特色功能是疏通鼻塞、緩解鼻炎，那我就可以反向得出哪些人是鼻塞、鼻炎的好發人群、他們有什麼樣的特徵。也許你會問：兔媽，如果不了解這個群體，怎麼辦？

答案是：借助資料工具。

我常用的網路工具有百度指數、微信指數、生意參謀、中國互聯網絡信息中心（CNNIC）等。[6]

以百度指數為例，你在百度搜索欄輸入「百度指數」，就會出來百度指數的資料查詢介面。然後，輸入你要查詢的關鍵字「鼻炎」、「鼻塞」等，並點擊功能表列的「人物畫像」，就會查到鼻炎這個群體的相關資訊，包括性別比例、年齡分布、地域分布、興趣分布等。

這樣你就有了一個大概輪廓，然後再根據資料最集中的資訊對應到身邊某個鼻炎患者，比如老公、同事，這樣你就看到了一個活生生的人。

第二步，提煉關鍵標籤，描述角色設定。

將顧客群的典型特徵，提煉出關鍵標籤，主要包括：①基本屬性，如身高、性別、教育程度、體型、子女、文化、婚姻等。②興趣愛好，如運動、旅遊、電影等。③消費屬性，如出差旅行、國外旅遊、3C控、母嬰用戶、理財人群等。④社交屬性，如經常出現的社交場所、日

6　前兩者為網友搜尋的中國數據分享平臺；生意參謀為由阿里巴巴集團打造的首頁商家統一資料平臺。最後一項為中國網際網路管理和服務機構。

常動態等。

這裡需要注意的是，產品不同，敏感標籤也不同。例如，美容行業對身高並不敏感，理財行業對身高、體質都不敏感。所以，在顧客分析過程中，要把握顆粒度（按：service granularity，服務顆粒度；指一個服務包含的功能大小），不能太小也不能太大。要具體問題、具體分析，不需要面面俱到，只需要提煉關鍵標籤即可。

例如，針對鼻炎顧客群，我就提煉了角色設定的名字、年齡、性別、職業、生活狀態、消費觀念、愛好以及經常出現的場合等幾個面向的標籤（見下頁表2）。

但這時候你會發現，面對這些冷冰冰的基礎資料，你是沒有任何感覺的，怎麼辦？就要**透過「角色設定」**的方法，賦予用戶畫像具體的角色，讓其鮮活、立體起來。

我描述的角色設定是：林敏是一位三十一歲的上班族，現在在一家互聯網公司做銷售主管，月薪一萬兩千元，居住在廣州四環，每天搭捷運上下班。她正處於打拚事業的關鍵期，對身體的小狀況總是能忍就忍。

關於角色設定要注意的是，**產品的顧客群體**不同，可能會有兩到四個角色原型，你只需把**最有代表性的兩、三個**描述出來就可以了。

第三步，借助大量資料工具，鎖定切入點。

有鼻炎的人很痛苦，但透過用戶畫像了解到，這個群體普遍有「能拖就拖」的心態，如何讓他們採取行動呢？這時就要借助大資料，找到切入點，刺激他立馬行動。否則，鼻炎的痛苦沒有被啟動，永遠只是潛在需求。

表 2　提煉關鍵標籤示範

分析面向	產品目標使用者（鼻噴劑）
角色設定	林敏
年齡	20 至 39 歲。
性別	男：51%；女：49%。
職業	較為廣泛，兩個標籤：上班族、學生。
生活狀態	生活節奏快，工作忙碌或學業繁重。
消費觀念	收入中等或稍偏高，能不去醫院就不去醫院。
愛好、習慣	興趣雜，但比較務實，大多會喜歡八卦、追劇、追星等。
經常出現的場合	出現場景：自己家、辦公室、商務談判、捷運。 社交平臺：社群平臺、朋友圈（代購）、各大電商平臺。
購物關注的問題	擔心產品有激素，但又渴望找到安全的解決方案。

透過百度指數發現，每年的二到三月和九到十月，鼻炎都有明顯增長。為什麼？二、三月入春，柳絮滿天飛；九、十月入秋，降溫降雨。這兩點都是誘發鼻炎的重要因素，而我接這個案子時恰好是入秋。

所以，我鎖定「入秋」這個切入點，觸發顧客群對鼻炎的恐懼開關，讓潛在需求成為不得不解決的剛性需求（Inelastic Demand，指的是受價格影響較小的需求；不管多貴，消費者都不得不買）。

其中，「同事林敏」、「部門開會」、「上班擠捷運」等，就是透過角色設定找到的靈感。而且它是目標客群的綜合原型，也更容易引發共鳴。原文如下：

> 秋天來啦！沒那麼燥熱了，但對於有鼻炎的朋友來說，痛苦才剛剛開始……鼻塞，一會左鼻孔，一會右鼻孔，一會兩個鼻孔都塞住了。一入秋鼻炎就加重，就像神奇的開關。
>
> 同事林敏是個重度鼻炎患者，每年九月前後鼻炎就加重，尤其陰天下雨，打噴嚏、流鼻涕不說，鼻子塞住，說起話來，鼻音很重，就像感冒永遠好不了，部門開會時她永遠在揉鼻子、擤鼻涕……。
>
> 「一天一包面紙都不夠，鼻子擦得又紅又疼。」
>
> 「流鼻涕、打噴嚏，整個晚上一家人都沒法好好睡。」
>
> 「上班擠捷運忘記帶面紙，一路憋下來差點缺氧。」

表 3　產品賣點

產品相關點	邏輯重要性	購買動機的重要性
功效佐證	高	★★★★★
權威意見	高	★★★☆☆
產品原料	中	★★★
用戶案例	高	★★★★
使用體驗	中	★★★☆
產品價格	中	★★

「嚴重起來，頭上像戴個緊箍咒，腦袋要炸開。」

第四步，整理賣點排序，做好攻堅對策。

用戶畫像是為賣貨服務的，但這裡有個問題：顧客有了共鳴，就一定會買你的產品嗎？不一定！他還有其他替代方案，比如鼻炎膏、生理鹽水等。

根據用戶畫像，我了解到目標客群主要關注三類問題：①功效：擔心產品沒效果；②安全：擔心產品有激素；③使用體驗：擔心用起來麻煩、痛苦。

針對以上顧客分析就可以制定賣點排序的攻堅對策，並透過一系列的收益證明，逐一解決他擔心的問題，引導成交。

最後的賣點排序就是：功效佐證→

權威意見↓安全性↓使用體驗↓產品原料↓產品價格（性價比）（見上頁表3）。

POINT

爆款文案

- 新手、老手做用戶畫像的兩個常見誤解：①籠統、不具體。②停留在資料和工具層面。
- 高效做好用戶畫像和應用的四個步驟：①搞懂產品功能，按圖索驥找使用者。②提煉關鍵標籤，描述角色設定。③借助大量資料工具，鎖定切入點。④整理賣點排序，做好攻堅對策。

顧客分析是寫文案的第一步，做好這一步，你的文案更容易引發共鳴和成交。

3 找出買方的極痛點，他會瘋搶下單

奧美廣告創始人大衛．奧格威（David Ogilvy）說過：「推銷滅火器的時候，先從一把火開始。」對火的恐懼，能強烈激發人們對滅火器的購買欲望。

那作為文案人，我們如何點燃顧客心中的這把火呢？

答案是深挖痛點。

「要找到顧客的痛點」，這是無數行銷人、文案人每天都在說的問題。但為什麼用了同樣的技巧，別人的產品賣爆了，顧客看完你的推文卻無動於衷呢？問題到底出在哪裡？

其實，很多時候**你認為的痛點大多是偽痛點**，或者說不是顧客最痛的那個點。

一句話，你的痛點找錯了！

要找到真正的痛點，首先你要知道什麼是痛點。

在告訴你答案之前，先和大家聊聊發生在我身上的一件小事。

由於工作原因，長期久坐，我有嚴重的頸椎病，六、七年了，很難受。那麼，頸椎病是我的痛點嗎？事實上，剛開始，偶爾難受一下不影響生活，我也沒採取任何行動，每天還是習慣性的低頭看手機，在電腦前一坐就是好幾個小時。所以，它並不是我的痛點（按：指需求不一定是痛點）。

但時間長了，疼得嚴重了，一低頭就頭暈，晚上疼得覺也睡不好，已經超出了我的忍受程度。而且不是一天睡不好，是每天都睡不好，嚴重影響了我的正常生活。這時候，頸椎病才成了我的痛點。我開始放下手機、坐一個小時就起來運動幾分鐘，還辦了按摩卡、買了頸椎枕和頸椎按摩儀。所以，痛點首先要滿足四個要素：

1. 它是顧客生活中確實存在的問題。
2. 這個問題超出了顧客的忍受閾值，讓他害怕面對。
3. 這個問題持續或反覆出現，影響顧客的正常生活。
4. 解決方案是否與產品匹配。

其中，我們要特別強調匹配這一點。挖掘痛點的目的是為了賣貨，但不能挖出來一個對顧客很痛的點，你的產品卻無法解決。這時候，這個痛點並不能達成賣貨的目的。所以，你的產品提供的解決方案一定要與目標顧客的痛點相匹配。

也就是說，**你的產品必須是顧客解決痛點的最佳選擇**。

總是找不到客人的痛點？

以前的一位客戶曾拿著剛推出的美白飲品來找我，當時此產品主打的是「好喝到逆天的新國貨」，但我收到樣品發現，它並不好喝，又酸又苦，而客戶還在吐槽競品的味道難喝。「難喝」確實是用戶的痛點，但問題是你的產品也不好喝。你也解決不了顧客的這個痛點。

所以，只有滿足以上四個要素，才能觸發顧客購買產品的動機，點燃顧客的購買欲望。

這時候很多學員會說：兔媽，痛點不就是恐嚇嗎？我用過，根本沒效果！我分析了大多數人的情況，發現在挖掘痛點上，九九％的人都錯了。常見的有以下四個誤解：

● **痛點太多**。

想像一下，如果你批判一個人又髒、又黑、又懶、又笨……他會是什麼反應？立馬翻臉對不對？因為**改變的門檻太高**了，所以乾脆老樣子好了。這時候，你也不能喚起他對髒、懶這些問題的重視。痛點太多也是一樣。

● **用力過猛反而無感**。

這個也是最普遍的。夏天的時候，驅蚊產品大量出現，其中很多產品所打的痛點是「叮幾個小小的包，看起來可能沒什麼大事，但分分鐘讓你生命垂危」。如果是你，你會買單嗎？

我想大部分人不會吧！你會覺得這種事的機率太低了。那麼，如何拿捏用字呢？

有個關鍵點是：**連結到消費者經常發生的生活場景**。同樣是驅蚊產品，你就可以這樣說：「剛剛去過廁所、爬過垃圾桶的蒼蠅、蚊子有可能飛上你的餐桌，爬上你的麵包，溜進你的水杯，然後把它那根攜帶著千千萬萬病菌的針扎進寶寶嬌嫩的皮膚。」這樣說，是不是就比「生命垂危」讓人更痛了？

● **不夠緊急**。

減肥產品什麼時候最好賣？入春入夏！為什麼？因為脫掉了厚重的棉衣，換上短裙、薄衣服，肥肉藏不住了，減肥迫在眉睫。所以，要學會巧用熱點（按：受大眾關注的問題），讓你的痛點看起來更緊急。

● **與你的顧客無關**。

曾經看到一個無磷洗衣粉的文案，它的痛點是：普通洗衣粉中含有磷，排入地下水後，會汙染飲用水。而一位七十多歲的資深專家老爺爺歷經幾年研發，終於研究出了不汙染地下水的無磷洗衣粉。故事頗具匠心，但顧客會為「汙染地下水」的痛點買單嗎？也許會，但大部分人都是一般人，他們**更關心自己的切身利益**。

如果你改成「洗衣粉中的磷殘留在衣服上，傷害寶寶嬌嫩的皮膚，還會導致鈣質流失，出現軟骨病」，相信這樣更能激發媽媽們買單。

搞懂痛點的定義及誤解後，那麼在寫文案時如何用痛點提升文案的銷售力呢？

圖 1　鼻噴劑的痛點描述

聚焦高頻痛點，戳得恰到好處！
鼻炎噴霧：價格提升 56%，上線一週斷貨，3 個月突破 10 萬單，銷售額 1,000 萬元。

1. 鼻塞、鼻癢。
2. 打噴嚏。
3. 食慾下降。
4. 流鼻涕。
5. 嗅覺減退、全身無力。
6. 記憶力衰退。
7. 影響睡眠，遺傳下一代。
8. 臉部、牙齒變形。

9 ……併發症。

在此，我先透過實際的兩個案例，詳細講解**熱點×痛點爆單模型**。

極痛點哪裡來？從吐槽、提問開始

第一個案例還是鼻噴劑（見圖 1）。

鼻炎引發的症狀有十多種，比如鼻塞、鼻癢、流鼻涕、全身無力、臉部變形、牙齒變形，還有嗅覺減退等。當時很多產品打的痛點是：鼻炎導致臉部、牙齒變形、嗅覺喪失，還有的列出各種鼻咽癌的新聞。這就陷入了四個誤解，轉化慘澹。

我如何做到三個月銷售額突破一千萬元？祕訣就是：**聚焦最常見的痛點，直擊要害**。當時我鎖定了四個最常見的痛點，分別是鼻塞、鼻癢、打噴嚏和流鼻涕。

但光刺痛痛點還不行，因為大多數人意識不到表面問題引發的後果，也不清楚這些痛苦經常發生會對生活造成什麼樣的影響。所以，我就指出鼻炎不治療，會影響工作和睡眠，發展成鼻竇炎，還會遺傳給下一代（按：由體質問題引發的類型易遺傳，如過敏性鼻炎）。如果是孩子的話，則會導致記憶力減退，影響學習成績。結果很成功，內測轉化率一五．七％，回推一天的銷量比原來一週還要高。

這裡要強調的是，如果是針對孩子專用的鹽水噴霧，臉部變形這個點就可以作為核心痛點。因為孩子的形象有非常大的可塑性，而每個家長都不希望孩子出現形象缺陷和社交障礙。這時候，臉部變形就是個極痛點。

當時客戶問我：「你怎麼想到這個點？」其實，只有三個思維方法和兩個驗證工具。

挖掘痛點的第一個方法是**用戶思維**。

用戶思維又有三個步驟：第一，角色代入。第二，連結用戶二十四小時生活場景。第三，鎖定用戶在不同的場景下可能遇到的困難或不便。

首先，什麼是角色代入呢？

身邊有孩子的讀者肯定發現了：現在的嬰兒車都很高，而且推桿可以前後調節，但最初並不是這樣的。原來的嬰兒車很矮，推桿也不能調節，但上市後賣得不好，去調查媽媽的意見，她們說嬰兒不願意坐。廠商很納悶，就讓研發人員去找問題。

然後，研發人員就坐到嬰兒車裡，讓另一個人推著在街上走。走了幾圈，他們就吐槽：「換作是我，我也不願意坐這樣的車。因為看到的全是腳，空氣也不好。更重要的是，看不到媽媽的臉，沒有安全感。」

圖 2　場景座標分析模型

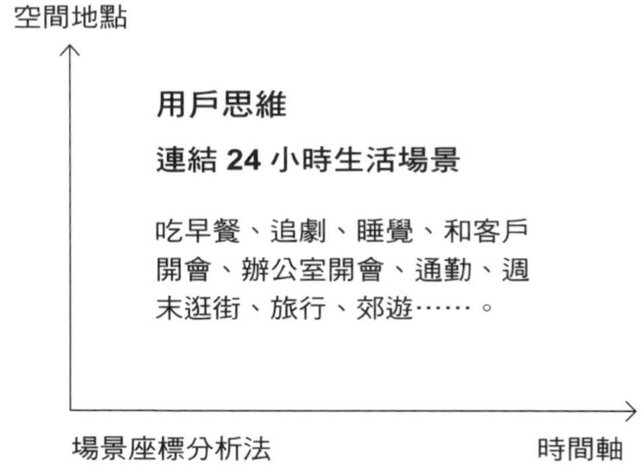

角色代入也是一樣，你要站在對方的立場去理解他的處境。

第二，連結用戶二十四小時生活場景。

這裡給你個好用的場景座標分析模型（見圖 2），橫軸是時間軸，縱軸是空間地點。這樣就可以發展出很多場景，比如七點在家吃早餐、八點搭捷運、九點在辦公室開會、週末在家追劇等。

第三，鎖定用戶在不同場景下可能遇到的困難或不便。

比如，搭捷運時流鼻涕沒帶衛生紙，開會流鼻涕很尷尬等。這就很容易引發顧客共鳴，因為我寫的就是他自己。

挖掘痛點的第二個方法是**吐槽思維**。

這個方法說的就是要善於挖掘目標顧客的吐槽。你可以去門市的競品櫃檯與目標顧客聊天，聽聽他們使用競品中的不滿。另外一個被用到最多的途徑是去電商平臺，比如京東（按：中國專業綜合網上購物商城）、天貓商城（按：中國最大的零售購物網站，由淘寶分家而成）、淘寶（C2C零售型平臺）等，蒐集競品的負面評論，了解目標顧客哪些問題沒有得到解決，以及好評裡回饋被解決最多的問題。這些就是顧客最在意的點。

挖掘痛點的第三個方法是**社交思維**。

就拿中國社會化問答網站知乎來說，**提問就代表需求，話題的關注數和按讚數就代表普遍性**。比如，失眠話題的關注數、流覽次數都很高，說明失眠就是個普遍痛點。同樣，還有網路論壇的天涯、貼吧等，透過話題的參與討論數量來判斷痛點的普遍性。每條回答還會有很多關於失眠的痛苦描述，這些都是挖掘顧客痛點的靈感來源。

透過以上三種方法，你會蒐集到很多痛點。

那麼，**如何選出顧客的極痛點**呢？接下來，教你兩個驗證工具：

第一個方法是工具驗證。

這裡的工具主要有百度指數、微信指數。**輸入你搜尋到的痛點關鍵字，查看指數排序**，越靠前面的痛點就越常見、越普遍、越痛。

舉例來說，如果公司上市一款面膜，老闆讓你寫一篇文案。老闆說產品效果很好，可以美白、去蠟黃，還能撫平臉上的小細紋、淡化法令紋。你搜尋了顧客的痛點，發現美白、去蠟黃、去法令紋這些都是女性非常在意的點，怎麼辦呢？

這時，你就可以把這些痛點關鍵字輸入百度指數，若發現最近這兩年法令紋的搜尋指數呈攀升趨勢，你就可以考慮把法令紋作為一級痛點。當然，這只是個參考，你還要透過本節所講的系統方法再做判斷。

第二個方法是市場調查研究。

其實，市場調查研究也是我寫文案常用的方法。當時我做鼻噴劑和清肺片時，為了驗證對痛點的初步判斷，我在微信朋友圈發起紅包調研（按：用於問卷調查、票選活動等，填寫問卷即可獲得現金紅包），發了八個紅包，得到三十多條有效評論，排名前四位的是鼻塞、鼻癢、打噴嚏、流鼻涕和頭疼，這和我的推斷一致。

所以，透過這兩個方法，能快速篩選出顧客群的極痛點，還可以將痛點排出優先順序。

POINT

爆款文案

- 痛點必須滿足的四個元素：①顧客生活中確實存在的問題。②超出了顧客的忍受閾值。③問題持續或反覆出現，影響顧客的正常生活。④你的產品必須是解決痛點的最佳選擇。
- 挖掘痛點的三個思維方法和兩個驗證工具。首先，透過用戶思維、吐槽思維、社交思維三個方法，列出目標顧客可能存在的痛點。然後，透過百度指數、微信指數等資料工具和市場調查研究，篩選顧客極痛點，並將痛點排出優先順序。
- 痛點是撬開顧客欲望的支點，透過以上方法可以輕鬆找到痛點，讓顧客的購買欲望提升兩至三倍。

4 「3＋5」模型，滯銷品也有超級賣點

平時經常有客戶問我：「兔媽，怎樣賣爆產品呢？」相信這也是所有商家和文案寫作者一直在找尋的答案。我總結了市面上所有爆款，發現它們都滿足了三大要素：

1. 必要性。人們只有在認同產品必要性的前提下，才有可能對產品感興趣。
2. 緊急性。人們都喜歡拖延，所以你**要為顧客找到立即購買產品的理由**。
3. 不可替代性。如果世界上，只有你擁有飲用水資源或者是克服某項疾病的專利技術，其他地方都沒有，可以想像你會將它賣到什麼價格。

其中，必要性和緊急性可以透過挖掘顧客極痛點的熱點×痛點爆單模型來實現（第四十九頁）。那麼，如何讓產品具有不可替代性呢？答案是：**打造產品差異化的超級賣點**。

什麼是超級賣點？我用一個小案例來解釋好了。

一款洗面乳能清除毛孔汙垢，請問這是超級賣點嗎？不是！因為市面上清潔性強的洗面乳

很多。這時候，你為了提高競爭力，升級成了胺基酸配方（按：不添加皂鹼或較強界面活性劑）。與普通洗面乳相比，它不僅清潔力足夠，而且溫和、不傷肌膚。這時候胺基酸洗面乳是超級賣點嗎？剛推出時，的確能賣一陣子。但這種特色很容易被模仿，且成本不高。所以，也不算超級賣點。

這時候，有個品牌在胺基酸配方的基礎上，加入二%的菸鹼素（niacin，即維生素 B_3），不僅洗得乾淨，還越洗越白。更重要的是，它的胺基酸、菸鹼素和 SK-II 是同一個供應商，價格卻不到大牌的十分之一。有別於一般的胺基酸洗面乳，它越洗越白；大牌成分，卻是平民價格。這就是一個超越同行的超級賣點。

一句話總結就是，人無我有，人有我優，人優我質優價廉／我服務好／我性價比高。

這也是為什麼很多產品表面上面面俱到，賣點很多，轉化成交卻遠遠達不到預期的原因。因為競品也是這樣寫的，甚至比你賣的還便宜，顧客為什麼要買你推薦的產品呢？

產品差別不大？畫三個圓，找出超級賣點

有人可能會說：兔媽，我家產品很普通，和市面上的同類產品差別不是很大，怎麼辦？

首先，打造產品賣點一定要掌握一個非常重要的思維模式——**使用者思維**。

我遇到很多客戶非常焦急的拿著新品來找我：兔媽，我需要妳幫我打造一篇爆文。如果問他賣什麼、產品有何亮點，他就說「面膜」，頂多加上補水面膜或是美白面膜，然後會接著

說，原料有多好、得了多少大獎等。

你應該已經發現，他一直在說產品的好，卻從未考慮用戶為什麼要買他的面膜——這就是典型的產品思維。

但我要告訴你一個真相：你用**百分百的精力來策劃產品的賣點，其實只有二〇%的顧客會看到**，因為八〇%的用戶只會關注賣點與自己的直接關係。只有賣點打動顧客的核心利益，才會促使其下單。不從顧客的核心需求出發的賣點文案，無法達成轉化。

所以，正確的方法就是從目標顧客出發，針對顧客的痛點給出解決方案。這是文案人必須修煉的用戶思維，也是打造賣點的前提。

拿鼻噴劑的案例來說，原來只羅列了清潔鼻腔、修復鼻黏膜等產品功能，但這些和用戶有什麼關係呢？競品也是這樣說的，顧客為什麼要買你推薦的？所以，我就站在顧客的立場，針對他的痛點替他著想。

比如，考慮他感冒鼻塞時，能幫他十秒通氣。晚上睡覺時，不打噴嚏、不流鼻涕，能讓一家人都睡個好覺。見客戶時，不用反覆揉鼻子，也不會被扣印象分。

建立了使用者思維，如何提煉產品的超級賣點呢？透過操盤多個爆款，我總結了一個打造超級賣點的取交集模型。它很簡單、也非常有效，只要按這個方法去做，你也可以輕鬆找到產品的超級賣點。

什麼是取交集模型呢？

就是在一張空白紙上畫三個正圓，分別列出用戶痛點、競品缺點、產品賣點，然後取三者

圖 3　取交集模型

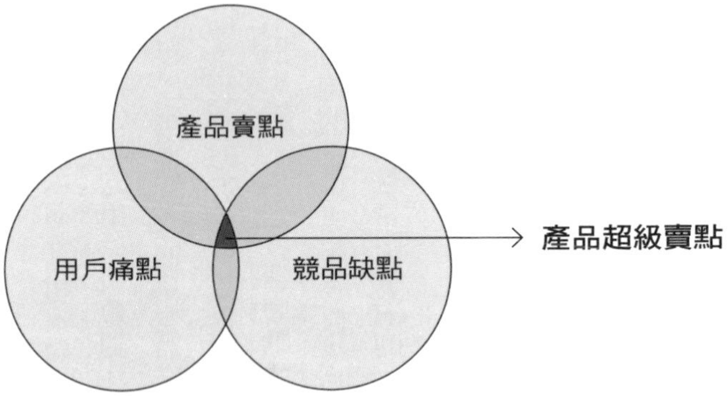

的交集（見上方圖 3）。簡單理解就是，競品解決不了或者無法完美解決的顧客痛點，透過你的產品卻能達到完美結果，這也是超級賣點遵循的基本策略。

比如，鼻炎顧客的核心痛點是鼻塞、鼻癢、打噴嚏、流鼻涕、頭痛。

競品的缺點主要有三個：第一，生理鹽水只能清潔，不能有效緩解症狀。第二，激素類產品，一天要反覆噴十多次，很麻煩，長期使用還會產生藥物性鼻炎，不安全。第三，中醫偏方產品的味道刺激性強，使用體驗很差。

綜合以上三點，競品解決不了或者解決不完美的點是什麼？也就是：起效慢、不安全。

鼻噴劑的賣點主要有：第一，植物配方，安全；第二，能清除引起鼻炎反覆發作的細菌，從根本上緩解鼻炎；第三，噴一次，鼻塞就通了，效果比較明顯；第四，無色無味，使用溫和；第五，安全、不會產生依賴性等。

所以，這款產品的超級賣點就是針對競品「起效慢」、「不安全」的解決方案。用一句話總結就是：十秒疏通鼻塞，噴一噴，舒服一整天，小孩也能用。這是文案的主線，也是要論證的核心觀點。使用體驗、無色無味等是輔助賣點。

但你會發現，有些產品的超級賣點很獨特，但文章投放出去轉化還是很差。

問題出在哪裡呢？

當你看它的文案時就會發現，內容很乾巴，專業術語一堆，很難讓人有讀下去的欲望，這也是心理學上有名的「知識的詛咒」[7]（Curse of knowledge，亦稱專家盲點）現象。我們在寫文案時，常常會有一個誤解，**以為顧客和我們一樣懂產品**，導致寫的文案讀者理解不了，很難讀下去。

所以，要站在顧客的角度，用他們喜歡的語言風格、用更容易理解的表達方式，讓他們能秒懂賣點的優勢和好處。舉個大家都熟悉的案例：

在小米手機二代發布時，核心賣點是性能翻倍，全球首款四核。「快」是核心關鍵字，也是它的超級賣點。但如何用一句話讓顧客秒懂呢？據說他們當時出了十幾個方案，有「唯快不破」、「性能怪獸」等，但最後選擇的是「小米手機就是快」。因為夠直接，能讓顧客秒懂（按：目前款式推出至小米十一）。

7 指人在與他人交流的時候，會下意識的假設對方擁有理解所需要的背景知識；最早由羅賓・霍加斯（Robin Hogarth）博士提出。

賣點直白翻譯模型，顧客秒懂、忍不住下單

那麼，如何寫出既讓顧客秒懂，又不俗氣的產品賣點呢？

答案就是：「3＋5」賣點直白翻譯模型。

這裡的三，指的是三步關聯消費者，找到顧客的價值利益點；五指的是五種常見的認知表達方式，把價值量化，讓顧客秒懂。

什麼是三步關聯？就是產品賣點、為顧客解決的問題、帶來的好處。接著，再用三步關聯，找到這個賣點帶給顧客的價值利益點。

具體如何運用呢？你拿出一張白紙，畫上一個四列表格，分別寫下產品賣點、解決的問題、帶來的好處。最後一列是認知表達，就是文案表達的方法（見下頁表4）。

舉例來說，如果你賣的是膠原蛋白，就可以按以下步驟來寫：

第一步，賣點是：有效成分含量高，能迅速補充皮膚流失的膠原蛋白。

第二步，幫顧客解決的問題是：害怕皮膚衰老、想擁有水嫩肌。

第三步，給顧客帶來的好處是：讓肌膚變得水嫩嫩，氣色變好。

最後如何用文案表達呢？你可以說：「堅持一段時間，感覺皮膚就『繃』起來了，變得飽滿、有彈性，手感好到連自己都愛不釋手，嬌嫩的像剝了殼的雞蛋般，吹彈可破。」

表 4　三步關聯表

產品賣點	解決的問題	帶來的好處	認知表達
安全、無副作用。	消除產品含激素，產生依賴的恐懼。	放心。	關聯法：小孩也能用。
效果維持時間長。	反覆噴的麻煩。	一天只需噴一次。	場景具象：噴一噴，鼻子舒服一整天，白天工作效率高，晚上一家人都能睡好覺。
噴霧超細。	解決噴完從鼻腔反流嘴裡的尷尬。	噴起來很舒服，藥效得到最大發揮。	擬人：細膩的霧化噴霧，就像給鼻腔穿上一層保護膜，把病毒真菌擋在外面，減少鼻炎反覆發作。
噴完鼻子立馬通暢。	解決鼻塞不適。	呼吸暢通。	數字具象：10 秒就能疏通鼻塞。

下面著重分析一下常見的五種認知表達方法：

● 關聯法

簡單理解就是與顧客大腦中已有的事物建立關聯，常用的方式有類比、對比、比喻、媲美第一等。

舉個例子：鼻噴劑，「安全」這個賣點解決的問題是，消除顧客對激素產生依賴的恐懼。帶來的好處是放心。至於文案認知表達，我這裡用的是「小孩也能用」，這就是媲美第一。因為大家有個共識，孩子用的東西安全檢測級別是最高的。當然，這個產品確實是四歲以上小孩能用的（按：若為抗組織胺，須六歲以上才可使用）。

再舉個例子：假如你賣一款運動鞋，它的賣點是很輕，解決了鞋子重、走路容易疲累的問題，帶來的好處是「**走路很輕便**」。如果你只說很輕，消費者的認知就會很模糊，不知道到底有多輕。但如果你透過類比的方法，用「**輕如雞蛋**」來凸顯鞋子的輕，就能讓顧客秒懂，不需要多餘的解釋。

● 數字具象化

假如你開了一家水果店，如果說店裡的水果非常新鮮，都是果園直採的，雖然也能凸顯水果的新鮮，但新鮮到什麼程度顧客是感知不到的。如果透過數字具象化的方法，你就可以寫：

「清晨五點採摘，下午四點送到你手中。」

● 利益具象化

如果女朋友問你愛不愛她，你只說一句「愛」，她會覺得你是在敷衍她。但如果你說：

「愛！我願意把薪水全部交給妳，每天早上做好早餐端到妳面前，然後送妳上下班！」她就會很感動。

比如賣洗碗機，賣點是全自動洗碗。但自動到什麼程度呢？能給顧客帶來什麼好處呢？這是個很模糊的概念。如果透過利益具象化的方法，你就可以寫：「自動洗碗機，每天讓你多陪孩子一小時」，這就讓顧客看到了購買產品後實際得到的利益。

場景具象化也是非常有效的方法。很多時候顧客明白了這個產品的好處，但不知道能給他的生活帶來什麼具體的改變，想來想去乾脆就不買了。這時候，你要幫他構建一個清晰的場景，讓他在大腦中能夠看到購買產品後給生活帶來的變化和美好體驗。

● 場景具象化

比如賣美白面膜，如果你只說「讓你白一階」，就不如說「和朋友拍照時，你就是反光板」更有衝擊力。因為她腦海中會想像自己與朋友在一起時，比朋友更美的快感。

如何挖掘巧妙的場景呢？你可以從三個方向找靈感：第一、時間，也就是工作日、節慶假日、週末等。第二、地點，比如公園、家裡、辦公室、捷運、車內等。第三、顧客的困擾或狀況，比如一個鼻炎患者入秋後，他在家裡有哪些症狀，在辦公室會有哪些困擾等。

● 體驗具象化

先來看一個發汗衣的案例：「穿上它，我在跑步機上，配速為十分鐘一公里，跑了八分鐘的時候，汗就開始從我的額頭和臉頰流了下來。三十分鐘時，我已經汗流浹背，手裡捏著毛巾，邊跑邊擦。又堅持了十分鐘，四十分鐘時，我從跑步機上下來，雙手自然垂放，汗水會自己從袖子裡流出來。」

這段文案就比你單一強調「發汗效果超級棒」更有感染力和衝擊力。因為它滿足了兩個要點：第一，細節。他不說「出去跑一圈，汗就出來了」，而是說「跑了八分鐘」。第二，畫面感。「手裡捏著毛巾，邊跑邊擦」、「汗水會自己從袖子裡流出來」，顧客就像親眼看到你試穿後流汗的畫面，讓他覺得更真實，而不是瞎說。

POINT

爆款文案

- 如何打造產品的超級賣點？

首先，要建立使用者思維。站在顧客的立場，思考產品能帶來的好處、解決的問題。其次，透過用戶痛點、競品缺點和產品賣點的交集，挖掘出其他產品不可替代的超級賣點。

- 用「3＋5」賣點直白翻譯模型，寫出讓顧客秒懂的文案。

首先，三步找到產品對顧客的核心利益點。其次，透過五種常見的認知表達方法——關聯法、數字具象化、利益具象化、場景具象化、體驗具象化，把對顧客的利益價值量化出來，讓顧客秒懂。當你掌握了打造產品賣點以後，就能避開自嗨、生硬的文案寫作誤解，輕鬆寫出讓顧客秒懂、忍不住下單的賣貨文案。

5 寫不出來怎麼辦？文案高手這樣蒐集素材

寫不好賣貨文案的人有三個致命問題，其中一個就是：忽視覆盤和素材積累。懂得蒐集素材的人，他們總能找出恰當的案例，用巧妙的表達把複雜的問題簡單的講清楚。而素材少的人，經常有種彈盡糧絕的感覺，沒案例可用，也不知道用什麼表達方法，半天寫不出一句話，只能乾巴巴的講道理，這樣的文案，閱讀體驗肯定不會太好。

我們先看一個案例。

即興伴奏課程

學習即興伴奏真的很重要嗎？如今，會彈鋼琴的孩子非常多，但真正能夠將技巧變為能力的卻不多。我們經常會遇到這樣的情況：有些孩子能彈奏八、九級（按：臺灣鋼琴分級為三至十三級）的曲子了，但如果給他一首非常簡單的歌曲，他卻不能在鋼琴上彈出伴奏來。

這其中的一個重要原因就在於，學習彈鋼琴的孩子往往疏忽了一項非常重要的技能——即興伴奏。學習即興伴奏可以使孩子的聲樂學習變得更加豐富有趣，學習聲樂與練習鋼琴即興伴奏可以齊頭並進、互相促進！

這是一位客戶寫的即興伴奏課程文案，主要講的是學習即興伴奏的重要性。但因為通篇只講道理，讀起來乾巴巴的，很枯燥，讓人讀不下去，閱讀體驗非常不好。

我幫他重新寫時，就對這段內容做了簡單加工，再加上學員素材，變成了下面這樣：

毫無創造力的學法，讓大部分學員學會看譜彈琴，卻不會即興伴奏，就像影印機一樣，只會複製前人作品，手上做的只是沒有感情的機械動作。

在今天，你發現還有很多學員，甚至培訓老師在用這種傳統教學模式，但越來越多的人已經意識到即興伴奏的重要性，連著名鋼琴家都在積極推廣。

上海音樂學院教授孫維權說：「中國學琴者的長項在手頭上，這在世界上都是有名的，一聽彈得十分熟練清晰，就知道是中國來的。但彈琴時動腦、動耳不夠，音樂裡缺乏情感。我在全國範圍內推廣鋼琴即興伴奏教學，就是要扭轉這個局面。」

曾經一個學習一年的學員，為了打好基礎，堅持不學即興伴奏，總覺得即興伴奏會影響她的學習計畫，但現在已經按部就班的開始即興伴奏學習了。

問她怎麼想通了？她說：「……那一刻我醒悟了，彈鋼琴絕對不應該只會照著琴譜彈。」

加入素材前後，兩個案例的差別主要有以下三個方面。

第一，語言表達。我用到一個比喻，不會即興伴奏就像影印機，讓讀者認識到學習即興伴奏的重要性。第二，權威引用。我引用上海音樂學院教授的話，而不是乾巴巴的大喊「你要學即興伴奏」。第三，案例素材。我透過一位學員的案例，間接告訴讀者「想彈好鋼琴，就要學即興伴奏。」

用社群、筆記 App，一秒抓到爆文

有學員說：兔媽，妳對鋼琴很有研究呀？其實在寫文案之前，我對鋼琴一無所知。靈感來自哪裡呢？就兩個字：素材！

可能大多數人意識到了素材的重要性，但就是不知道去哪裡找素材。其實並不難，找素材主要有以下四個步驟：

1. 明確自己的核心領域，時刻準備著。

很多時候，你找不到素材，不是因為蒐集方法不對，而是沒有意識到哪些內容能成為自己寫文案的素材。

所以，你要先明確自己的核心領域，這樣才能提升對素材的敏感性。需要說明的是，核心領域有兩層含義。第一，是個人定位層面。比如，你主要寫護膚文案，就可以多留意時尚節目、權威公眾人物，以及朋友對皮膚保養的方法和吐槽，媽媽客群對保養的觀點等。如果寫個人提升類的課程較多，就留意身邊人對工作的焦慮、對現狀的不滿，以及他們想要提升的理由。

就拿我來說，平時寫的文案類型主要集中在養生、保健食品、母嬰、護膚等，就會多關注養生類的綜藝節目、新聞以及垂直大號（按：指相關領域，公眾人物的帳號）。

第二，是需要加強的領域。不管是養生類還是護膚類，這些文案成敗的關鍵是：痛點是否找得準確。所以，我就特別留意痛點素材的蒐集。比如前段時間，我刷朋友圈看到一位好友發了換房的無奈，將中年人上有老、下有小的焦慮描述得淋漓盡致，很有情境感，我就用螢幕擷取圖片並放入素材庫。過了幾天，恰好有位客戶要寫一篇教人買房的課程文案，來諮詢我痛點怎樣寫，我就把這個素材給他發過去，他覺得很有用。

課程大多是用講師故事描述痛點、打造信任，如果你寫課程文案較多，就可以多留意故事類素材，比如人物採訪新聞、傳記等。

另外，我們都有個弱點，就是本能的抗拒那些複雜、不習慣的內容。比如寫護膚，除了要關注輕鬆的護膚節目、聽朋友的護膚雜談，還要了解一些皮膚結構、護膚成分和原理等。

2. 挑選適合自己的工具，養成隨時隨地記錄的習慣。

我們都是普通人，看過的東西很快就會忘記。所以，我們要把有價值的素材儲存起來。如何儲存呢？可以透過一些工具，主要有以下三類：

- 圖文筆記：比如石墨（按：支援雲端的企業辦公服務軟體）、有道雲筆記、印象筆記（按：此兩者皆為中國筆記軟體；臺灣常用的有 Evernote、Google Keep 等）。
- 語音類 App：比如訊飛語記（按：具有錄音速記、拍照識別、圖文編排、待辦事項、朗讀筆記等功能）、錄音寶等。如果你在等捷運或公車時，突然看到或想到某個靈感，打字太慢又不方便，怎麼辦呢？就可以用語音類 App 記錄下來，它會自動轉換成文字，非常方便。
- 掃描類 App：比如 PDF 閱讀器、微信小程式迅捷文字識別、蘿蔔書摘等。假如你看到一本書的人物故事非常巧妙，可以用在課程文案中，就可以打開蘿蔔書摘，框選你要選的內容，它會自動轉換成文字。

善用社群儲存功能，靈感滑不停

儲存類的工具有很多，重要的是要選擇適合自己的。下面簡單分享一下我常用的四個方法。

首先，是把靈感發給自己。我會把自己的小號（按：指私人帳號）置頂，在等捷運或等人時，突然有了靈感，就會記下來發給自己。然後，到辦公室整理進素材庫。

接著是微信收藏（按：功能類似臉書、IG「我的珍藏」）。比如在微信公眾號看到不錯的素材，我就會收藏起來。這裡要說兩點：第一，微信收藏一般用於短暫性素材的儲存，比如最近正在寫母嬰產品文案，就可以把相關素材收藏到微信裡。用完覺得沒價值了，就刪掉。第二，留下來的內容一定要做好標籤分類，比如實用、養生、課程、護膚、母嬰等，還可以根據功能分，比如失眠、咳嗽、咽喉炎、祛溼等。

還有一個方法是拍照、截圖。很多時候，我們看到的一些文章並不需要全篇收藏，只是開頭、痛點描述、場景畫面等感覺不錯，這時就可以拍照、截圖保存下來，然後整理進素材庫。

最後是公眾號的儲存功能。我會把一些優秀案例存在公眾號（按：類似臉書的儲存貼文功能）。首先，備註清楚價格、銷售資料和自己的拆解思考。然後，根據產品名稱，設置關鍵字自動回覆清單。這樣在寫同類產品時，回覆關鍵字就會自動彈跳出來，非常方便（按：臉書同樣具有關鍵字自動回覆的功能）。

3. 做好分類和標注，把好素材庫第一關。

素材庫的重要屬性就是分類清晰、便於查找。否則，找起來太費時間，也就失去了意義。怎樣分類和標注呢？

我是按照寫文案的核心要點和素材來源劃分的，主要有顧客分析、痛點挖掘、秒懂賣點、標題、開場、激發欲望、建立信任、引導下單，以及公眾號關鍵字清單、聊天啟發等。

其中，在大類下面還會再細分為二。比如標題，根據素材類型分為靈感、案例等。

案例根據領域又分為養生、母嬰、食品等；根據管道分為海報標題、資訊標題等；根據套路分為故事類、實用錦囊標題等。總之，分類越精準，找素材的效率也就越高。

4. 定期對素材進行覆盤、加工、刪減。

很多人做了蒐集、分類工作，但寫稿時還是沒思路、找不到切入點，問題就出在缺乏定期覆盤和加工素材。他只是存進去，把素材庫變成了冷宮。

所以，完成素材的蒐集和分類後還要養成一個習慣，就是定期對素材進行覆盤、加工，必要時大膽刪減沒用的素材。

一篇有新意的、有共鳴的賣貨文案，並不是靠單一的某個素材，而是需要很多素材的重組、疊加，再加上自己的深度思考。

比如我經常拆解案例，就會定期去素材庫看一看。如果拆解標題，就會挑選幾個案例，把不同方法提煉出來，進行重組、加工，然後舉一反三，寫出一至三個延伸案例，並標注清楚什麼樣的產品適合這個方法。

自己用過兩、三次的方法，我就會刪除掉。因為它已經內化成我自己的一部分了，就沒必要占用記憶體了，時刻保持素材庫的精簡。

可能有讀者會說，兔媽，這些方法確實很實用。但剛接了一篇文案，素材庫還沒搭建起來，怎麼辦？結合我的經驗和方法，教你兩個技巧，讓你快速高效的找到有用的素材。

多用專家、主題，讓關鍵字有感

第一個技巧，鎖定核心管道，檢索特定關鍵字。

蒐集素材的管道有很多，比如微信、微博、行業網站（按：B2B電子商務網站）、百度、問答網站知乎、論壇、貼吧、問答平臺、媒體新聞和書籍等。但如此多的資訊，要一一看完嗎？

其實根據八二法則，八〇%的優秀素材主要集中在二〇%的核心管道。我每次必看的是知乎、微信搜一搜、媒體新聞和論壇這四個管道。知乎、媒體新聞具有專業性，論壇則能看到目標顧客的故事和心聲。那麼，具體怎麼找呢？就是用特定關鍵字檢索：

- **專家＋主題**關鍵字檢索：拿減肥產品舉例，先透過自媒體、書籍排行等找到領域專家，再用「專家＋主題」關鍵字進行檢索。這裡的專家可以是人，也可以是權威機構，比如可以搜尋「丁香醫生＋主題」（按：丁香醫生為健康類自媒體）。
- **原理＋主題**關鍵字檢索：文案肯定不能亂寫，要有科學的理論依據，所以可以用健康瘦身原理來檢索，也可以繼續延伸，加上成分，比如酵素健康瘦身原理等。
- **痛苦體驗／誤解＋主題**關鍵字檢索：不管賣什麼產品，想要顧客下單，必須讓他主動放棄競品。所以，你要了解競品有哪些、痛苦體驗是什麼。可以搜尋減肥誤解或減肥的痛苦體驗。

這只是一個思路，你可以根據文案類型，擴展延伸不同的關鍵字。不管是在知乎還是微信搜一搜，這個方法都能幫你快速篩選到有價值的素材。

第二個技巧，拆解、借鏡同行案例。

你可以借鏡素材庫裡的案例，或者透過新媒體排行榜、西瓜公眾號助手等協力廠商工具，查到各領域公眾號排行榜，這些一般都有同行的賣貨文案。

切記：不能照抄，否則可能會被投訴。正確的做法是，拆解同行案例，看哪些點是你沒想到的，並挖掘他們的思路。另外，記得把優秀案例存入素材庫，以便下次查找應用。

POINT

爆款文案

- 打造素材庫的四個步驟。第一步：明確自己的核心領域，時刻準備著。主要針對常寫的文案領域和要加強的領域。第二步：挑選適合自己的工具，養成隨時隨地記錄的習慣。第三步：做好分類和標注，把好素材庫第一關。第四步：定期對素材進行覆盤、加工、刪減。
- 如果臨時接到一篇文案，你可以採用以下兩個技巧：第一，鎖定核心管道，檢索特定關鍵字。第二，拆解、借鏡同行案例，快速篩選出有用的素材。

6 三種架構，輕鬆搞定八〇％的文案

很多文案新手，甚至資深文案人都很容易陷入的一個誤解，就是忽視底層架構——邏輯。

比如，你有沒有感覺腦子裡有一大堆想法，到寫的時候卻不知道如何下筆。就算寫出來也不合邏輯，自己都讀不下去。抑或洋洋灑灑寫了一堆理由，也寫了很有共鳴的故事，卻沒有明確的結論，更給不出足夠有力、強力關聯的論據支撐。這樣的文案，即便戳中了顧客痛點，也不能成為顧客購買你的產品的理由。

文案人就像一位辯論高手，你要知道從什麼角度切入、核心論點是什麼、透過什麼樣的論據佐證你的論點，並且知道如何把論點和論據嚴絲合縫的連結起來。只有這樣，你寫出來的文案邏輯才能是清晰、順暢的，才能說服用戶下單。

那麼，如何從零快速搭建清晰的文案架構呢？

不同類型的文案有不同的架構，我透過拆解市面上三百多篇賣貨爆文，總結出三種類型，分別是論述型文案、種草型文案和故事型文案。掌握這三種架構，基本上能搞定八〇％的賣貨文案。

單高價產品要用論述型，但訣竅在順序

第一種類型：論述型文案。

論述型主要是以顧客的痛點和產品的價值點為切入點，提出論點（也就是產品能幫你解決什麼問題），然後透過一系列證據，證明產品是解決痛點的最佳選擇，從而激發顧客的購買欲望，提高下單轉化率。

這種結構是一環套一環、層層遞進的，也是最普遍、最容易爆的。

但如果你按照正常的論述型邏輯：「提出論點→列出證據→進行論述」，讀者還沒看就知道是廣告，往往就沒了興趣。

那麼，怎樣才能寫好論述型賣貨文案，讓顧客不但想看還會產生購買欲呢？

關於這個問題，我提煉了以下五個步驟：

- **借勢熱點或事件，戳中痛點或焦慮**。

就是用熱點或新聞事件作為切入點，引起顧客對某個問題的痛苦或焦慮。

- **給出大的解決方案＋論據1、2、3**。

針對這個問題給出一個大的解決方案，比如「裙子拉不上拉鍊」戳中你對胖、對醜的痛苦，這時他會先告訴你：「沒事，減肥後你也可以很美。」並且透過成功減肥的案例對比，激發你對減肥的欲望。

為什麼不直接引到產品上呢？試想一下，如果推銷員一上來就告訴你某個產品很適合你，你的第一反應是什麼？拒絕、抵觸，對吧？

所以，你要先跟顧客聊，聊到他心坎裡了，再告訴他，其實有一款產品可以幫你成功減肥，這樣他才有興趣了解。

● **引出具體產品＋論據1、2、3**。

減肥的方法有很多，為什麼要選你呢？這時候，你要透過論據1、論據2、論據3，讓顧客相信你的產品是最佳選擇。

● **化解異議，堅定信心**。

你講得很有道理，但顧客會擔心：安全嗎？沒效果怎麼辦？所以，你要主動化解他的擔憂，讓他堅信真能幫他減肥成功。

● **利益說明，引導下單**。

在做決定時，人是很猶豫的。如果沒有明確的行動指引，即使你超級信任一款產品，也會猶豫。**利益引導，就是讓顧客知道你的產品非常值得，而且非得現在買不可**。

下面透過一個案例來講解一下。這是一篇兒童樂高玩具的文案，玩具單價九百九十八元，賣出五千七百多單，銷售額五百多萬元。

樂高玩具

自從有了孩子以後，有一個問題就經常在我腦海裡徘徊：世界變化這麼快，該給孩子怎樣的教育，才能讓他們在未來的競爭中不落後？以後的世界什麼樣，誰都無法準確預測。有人甚至認為，現在的小學生，大概有三分之二會在未來從事目前尚未發明出來的工作。

這就給我們的教育出了個難題：讓孩子學點什麼，才會不落伍，真正受益一生？你在培養A型孩子，還是X型孩子？

清華大學前校長陳吉甯曾提出過一個觀點：清華校園裡有很多「A型學生」，但未來社會最需要的是「X型學生」。所謂「A型學生」，是指傳統觀念裡的那些「好學生」，他們的成績總是能得A。而「X型學生」則與之不同，他們的成績並不一定頂尖，但願意承擔創新風險，勇於嘗試新鮮事物。兩者最重要的差別，在於創造力。

第一步，它首先透過清華大學校長講話的熱點事件，引發父母對孩子「學什麼才有競爭力，才不會落後於同儕」的教育焦慮。

第二步，他沒說樂高可以提升孩子創造力，而是——程式設計。

好在，創造力雖然沒法教，卻可以培養。雷斯尼克[8]的解決辦法是，教給孩子們一種有創造可能的「遊戲」，他們就可以像拿著積木一樣，親手把腦海裡的想法變成現實，創造出此前不存在的東西。

這種特別的「遊戲」，就是程式設計。

並透過以論據來佐證，學習程式設計可以提高孩子的創造力和競爭力。

論據1：廣東中山十三歲小孩學習程式設計後，研發出小雞餵食器。

論據2：教育部把程式設計列為必修課。

論據3：十六歲少年學習程式設計，被保送清華大華。

論據4：成績平平的高三學生，從小接觸程式設計，被北京大學破格錄取。

論據5：程式設計小天才獲得五十六萬元獎學金。

第三步，引出具體產品「機械玩具」。

不懂程式設計的家長，如何為孩子選擇程式設計課程呢？在這裡，我要特別給大家推薦學樂高機器人，就是學程式設計＋學機械。

程式設計是抽象思維，樂高機器人的程式設計還是比較複雜的，如果完全沒有老師或者大人教，單靠孩子自己去摸索，一百個孩子裡面，大概也只有十個孩子能開始嘗試。這十個孩子裡面，可能只有一個孩子能上手入門，而這一個孩子，我們往往稱之為天才。

相較程式設計，機械就比較具象了，看得見、摸得著，透過圖案拼搭零件，學習結構，然後嘗試改造、創造結構，這更像是「玩」，這是可以在家就能學的。

並透過以下論據，來證明這個產品是權威的、品質靠譜的，是你的最佳選擇。

論據 1：玩樂高的頂尖高手寫的書。

論據 2：樂高教育參賽選手的培訓教材。

論據 3：國內最高水準代工廠生產。

第四步，化解異議。家長會擔心：大神級別的書太難，挫傷孩子的積極性怎麼辦？他告訴你：五歲的孩子都能很快拼出。

8 米切爾・雷斯尼克（Mitchel Resnick），樂高的發明者。

第五步，透過成本核算，以及樂高的價格對比，讓你看到究竟有多值，進而衝動下單。

總之，論述型就是透過痛點鋪陳激發需求，給出解決方案，然後用一系列論據證明方案的可靠性，邏輯非常嚴密。這種類型的文案一般用於價格偏貴，目標顧客又比較嚴謹的產品，比如健康類、功能類產品。

美圖、美好體驗，還有網紅業配必加這句話

第二種類型：**種草型文案**。什麼是種草型文案呢？

就像現在很多網紅達人會告訴你：他與某個產品如何結緣，為何萬中選一選了它，用後的體驗是什麼，然後再講產品有這個好處、有那個好處，最後得出結論「**這個產品很好，你值得擁有**」，這就是種草型的慣用套路。

種草型文案有三個典型特點：第一，多講使用產品的美好體驗，讓顧客看完有種欲罷不能的感覺。第二，產品賣點是並列式結構，沒有明顯的主次之分。第三，圖片精緻，對比明顯，GIF動圖非常有感染力，自帶一萬個非買不可的理由。

寫作種草型文案，大致架構有以下五步：

第一步：透過小事，比如熬夜長痘、很多人推薦某類產品等切入，快速引出產品。

第二步：大家都說好，無論是明星、網紅還是社交平臺的素人用了都說好。

第三步：賣點1X論據1＋賣點2X論據2＋賣點3X論據3……。

第四步：大廠生產，品質可靠。

第五步：得出結論——這個產品很好，你值得擁有。

下面透過拆解一款防晒噴霧來講解，這款防曬噴霧客單價七十九元，賣出十多萬單。首先，它**用一個開篇金句引出產品**。

防晒霜

如果說這世界上有一種東西能讓人敢於直接曝晒的，那一定是防曬霜。要說比防曬霜使用起來更爽、更任性的，那一定就是防曬噴霧。

緊接著，**放出產品的使用體驗**，而且透過顧客的生活場景——早上趕不及要遲到、曝晒的中午臨時出門，凸顯產品的方便。

「滋」，噴一噴，噴得相當均勻。「早上趕不及要遲到，暴晒的中午要臨時出個門，在外活動一整天，帶上一罐防晒噴霧，「滋滋滋」噴幾下，沒有比這更有安全感的事了。

然後來一小段科普，告訴你不好好防晒就會變老、長皺紋，戳中目標顧客怕老的痛點。

第一步：大家都說好。Instagram 和小紅書[9]的網紅達人都在用。

第二步：擺出論據，證明產品好。

論據1：高強度防曬，防晒時效長。

論據2：含有珍珠成分，越噴越白。

論據3：清爽不黏膩。

論據4：防水防汗不脫妝。

論據5：清香好聞。

而且論證的方式也非常簡單，就是和競品比較，然後放證明事實的GIF動圖、對比圖，讓顧客眼見為實。一句話總結就是，小編是經過認真試用才敢推薦的，品質是可靠的。

第三步：大廠生產，品質可靠。

此產品是韓國美容院的龍頭老大，由蘭蔻（Lancôme）、植村秀（Shu uemura）等大牌廠家獨家生產。

第四步：得出結論——**這個產品十分好用，顧客買貨太瘋狂，以至於經常斷貨，所以你要趕緊搶啊！**

當然，這只是種草文的典型架構，有時候寫的人會根據產品的具體情況調整順序。一般適合那些頭號絲凝聚力比較強、客單價較低的產品。**美圖、美好體驗，讓顧客看得欲罷不能，衝動下單。**

賣人設故事的成敗關鍵

第三種類型：故事型文案。

故事型文案就是賣人設，以某個人物為核心，透過他的一系列經歷，包括困難、抉擇、努力等，讓讀者產生情感上的共鳴，並不露痕跡的把這種情感轉嫁到產品上，最終達成轉化。

這類文案的核心看似在故事上，實則在顧客的痛點和產品上。故事、痛點、產品就像纏在一起的三股麻花辮，螺旋式誘導顧客一步步對產品產生興趣。這也是故事型文案成敗的關鍵。但很多新手寫故事型文案，經常是將故事和產品割裂開，故事寫了一千多字才引出產品，非常生

9 中國知名的網路購物和社交 App，類似 Instagram。

硬，轉化也很慘。

那麼，如何快速搭建一個有銷售力的故事型文案架構呢？

我拆解了市面上很多成功的案例，總結出以下五個步驟：

第一步：選準切入點，戳中痛苦或焦慮。

第二步：引出主人公，激發情感的共鳴。

第三步：主人公故事（穿插顧客痛點和產品賣點）。

- 匠心產品：高起點→發現問題→製造反差→經歷阻礙→大獲好評。
- 課程推文：低起點→決心反擊→付出努力→成為專家→想要幫你。

第四步：產品收益證明。

第五步：快速引導下單。

其實，第一步、第二步、第四步、第五步和前面的論述文相似。需要注意的是第三步，有兩個故事路徑，分別是匠心產品和課程推文。

為了讓大家更好的消化和理解，接下來透過案例講解。

女士內褲

先認識一下創始人，他叫峰哥，在湖南衛視工作了十餘年，辭職跑出來做女性內褲。說起創業的緣由，還是因為妻子和女兒。

峰哥曾在接受騰訊《活著》紀實影像節目（每年只選十位中國精英創業者）採訪時說：「我有一個賢慧溫柔的妻子，有一個乖巧漂亮的女兒，年近花甲的岳母也和我們一起生活。但後來我發現，許多女性經常會受到婦科病困擾，很大一部分原因就是因為內褲。」

世界衛生組織也曾發出警告，八〇%以上的婦科疾病反覆發作，與內褲有關。為什麼會這樣？峰哥解釋說，其實這麼多年來，我們一直把外衣面料當內褲穿。

「我的父母在國企紡織廠工作三十多年，耳濡目染下，我非常熟悉各種面料。知道即便是大牌的內褲，也僅為服飾B類標準（按：適中的安全級別），就是和我們穿的T-shirt、外衣同等標準，既不親膚又會滋生細菌。」

於是，他用了兩年時間，從面料到成品全程親自把關，終於做出了一款女性護理內褲。在做這款內褲之前，他花了兩年時間拜訪各地婦科醫生，了解到：「健康女性私處為弱酸環境，各種菌落處於平衡狀態。過度殺菌，反而會破壞私處平衡，更容易引起病菌滋生。」

最終他鎖定了醫用級天然護理面料——聚乳酸纖維（按：又稱玉米纖維，以玉米、小麥、甜菜等含澱粉的農產品為原料的合成纖維），pH 值為六．五，能維護私處菌落平衡，抑制有害細菌滋生。

它不像添加抑菌物質的內褲效果會越穿越差。就算你帶回家水洗五十次後，這款內褲的抑菌率仍然達到ＡＡＡ級（超出中國抗菌標準二〇％以上），抑菌效果穩定。

首先，是創始人的高起點——某電視臺資深工作者。其次，發現問題——內褲選不對，導致女性經常飽受婦科病困擾。然後，事業小成的主人公決心做不起眼的女士內褲，製造反差。接下來，費時費力——花了兩年時間造訪各地婦科專家，研究婦科病的前因後果。最後，終於找到完美面料，成功研發出水洗五十次，抑菌率依然ＡＡＡ級的女士內褲。

需要強調的是，這裡並不是單獨講故事，而是穿插了痛點——婦科病，以及產品賣點——醫用級天然面料，不像其他抑菌內褲效果越穿越差。講故事的目的是為了賣貨。所以在搭建故事架構時，一定要把顧客痛點和產品賣點穿插進去，否則，你的故事就沒有銷售力。

搭建架構時，要注意以下兩點。

首先是，認真對待提綱（內容綱要）。

先寫提綱、小標，寫作更高效率

很多人寫提綱時，就簡單寫了大體的想法，非常粗糙。結果寫稿時，還是思路混亂。拿我來說，提綱基本就寫了一千字，每一步架構就寫了一小段，知道這段寫哪個賣點，用什麼方法和案例論證，有哪些場景等，所以我寫提綱很耗時間。提綱寫好了把每段內容擴充開，再稍加潤飾，一篇文案就完成了。

第二，重視小標題。小標題就像一個個臺階，可以吸引並引導顧客一直往下閱讀。但很多人寫小標題就是簡單的把之前段落的內容總結複述一遍，非常平淡，只能起到裝飾的作用，意義不大。要寫好小標題，需要掌握以下三個技巧：

● 用疑問句使讀者對下文產生好奇心和興趣。比如，有沒有辦法可以緩解失眠，又不用擔心安眠藥物的危害？眼唇、臉部卸妝清洗，能不能一瓶搞定？

● 故事索引。把小標題做成循序漸進的，這種方法適合故事型文案。比如，為了減肥，她掉坑無數。終於，三個月減掉二十五公斤！一句話就是一個小故事，吸引顧客繼續閱讀。

● 核心賣點。把產品的核心賣點和賣點獲得的好處，用小標題凸顯出來。這樣對那些不細看，只是快速流覽的顧客來說，能輕鬆抓到購買理由。比如，一袋＝一．五公斤／鮮人參＋四百八十粒鮮枸杞；專利高活性精華，十五分鐘吸收；四百多年御用古方升級，不上火、好吸收等，小標題本身就是產品的核心賣點。

POINT

爆款文案

- 三種常見文案的架構。第一種：論述型。第二種：種草型。第三種：故事型。按照步驟直接套用，五分鐘就能讓你從零搭建出邏輯清晰的文案架構。
- 搭建架構時的兩個注意事項——認真對待提綱、重視小標題，以及三種小標題寫作思路，讓你搭建架構事半功倍，創作效率更高。

第 2 章

爆款文案產生器，五個公式照套

1 所有好文案，都有一個好標題

廣告教父奧格威說過：「如果你的標題沒有吸引到受眾的目光，就相當於浪費了八〇%的廣告費！」

賣貨文案是所有廣告形式中最重視標題的。

為什麼？因為公眾號是推送制的，不管是一週一次還是一天一次，所有公眾號都集中在早、中、晚三個高峰時段推送，這意味著你寫的推文標題只有短短幾分鐘到十幾分鐘的展示時間，很快就會被後面推送的內容所覆蓋。

面對海量的內容，顧客當然不會一個個去看。他一定是快速掃描所有標題，然後大腦自動的、跳躍性的去尋找自己感興趣的資訊。

如果你的標題不能抓住他的注意力、好奇心和欲望，很可能這篇文章他就永遠不會打開了。如果是這樣，即使你的內容寫得再好，他都不會看了。

金句都是從四大行為「驅動因素」下手

所有電商都看這個公式：銷售額＝流量×轉化率×客單價，而同一篇內容，同一個產品，轉化率、客單價都是確定的，但假如你的標題能吸引五倍甚至十倍的點擊率，銷售額就成五倍、十倍的增長。所以，起一個好標題，文案就成功了一半。

那麼，如何在五分鐘內寫出點擊率十倍飆升的標題呢？

想要寫出一個好標題，首先要知道好標題和壞標題之間的區別。

常見的壞標題有兩種，第一種就是平淡無奇，看了讓你毫無點擊的欲望；第二種就是「標題黨」（clickbait，又稱誘餌式標題、釣魚式標題），點擊率是有明顯增長，但內容和標題不符。讀者點進來覺得被騙了，不但不會掏錢下單，還會非常反感。

一個好的標題，它必須具備以下三個作用：

第一，快速抓住受眾眼球。

第二，篩選受眾。很多人總想抓住所有人，覺得這樣能吸引更多人打開，結果吸引來很多無效流量，受眾卻沒有點擊，沒有意義。

第三，引導閱讀內文。標題和內容要相符，否則不能吸引顧客繼續閱讀，就成為標題黨了，不利於轉化。

寫標題，你不僅要知道寫什麼，更要知道目標顧客想看什麼。所以，**好標題，一定是針對**

人類行為的驅動因素去寫的。我研究了一千多個爆文標題，發現主要有以下四大行為驅動因素：**逃避痛苦／焦慮、嘗鮮好奇、急功近利、關注和自己有關的**。先來看幾個推送後點擊量都飆升很快的標題。

〈使用技巧：嘗鮮好奇〉

> 明星泡腳一週瘦四公斤？各路明星、達人都在用？風靡整個娛樂圈的泡腳**祕密**，
>
> **原來……**

這些標題是不是都非常有吸引力？看到這個標題，人們潛意識會想：哪個明星在用？和平常的泡腳有什麼不一樣？泡腳祕密是什麼？這種標題就是用了人們嘗鮮好奇的行為驅動因素。

好奇常用的套路還有**懸念**、**反差**、**欲言又止**，並**多用「為什麼」**、**「這個」**、**「它」**、**「原因是＋刪節號」**等。例如：

- 不打水光針，皮膚一樣又白又嫩！這個黑科技補水炸彈，**一抹秒變牛奶肌**！
- 睡醒、飯後有口臭？會爆汁的口氣清新糖，**含一顆，連打嗝都是玫瑰香**！

細心的讀者就會發現，第一句標題也用了好奇——「這個」。但是，此標題還用了另一種行為驅動因素——急功近利。人們天生喜歡確定性、立竿見影的利益承諾，「一抹秒變牛奶肌」就是用了這一點，讓顧客想到自己抹上也能立馬擁有牛奶般白皙的皮膚。

急功近利常用的套路還有數位＋結果，極致性價比，以及秒變、快速、瞬間等感染力非常強的形容詞。

例如第二個標題，顧客首先會對號入座，自己是不是睡醒、飯後也有口臭呢？為了逃避痛苦和尷尬，就會忍不住點擊。

另外，後半句「會爆汁的口氣清新糖，含一顆，連打嗝都是玫瑰香！」給出痛苦解決後的圓滿結局，激發顧客嘗鮮的行為驅動因素。

這個方法能否吸引顧客點擊的關鍵是痛點，你要明確指出目標顧客生活中普遍存在的苦惱、難題，並且要說得很具體，不要寫「口臭」，而要寫「睡醒、飯後有口臭」或是「和女朋友接吻，被嫌棄有口臭」。

類似的描述還有「小腹一抓一把肉」、「四十度高溫，腋下又臭又黏」，痛點越具體就越能打動人心，顧客點擊的欲望也就越強烈。

另一個關鍵點是，你給出的解決方案、描述的圓滿結局也一定要具象化、有誘惑力，不能說「讓你口氣清新」，而要說「連打嗝都是玫瑰香」，這樣才能激發顧客嘗鮮的欲望。

- 顏值吊打 CONVERSE！代購一千元都搶不到的「韓國餅乾鞋」，我花五十多元搞到手！
- 扔一根進下水道，毛髮油汙三秒瓦解，瞬間不堵了！
- PPT醜爆影響升職加薪？超級神人手把手教你零基礎做出高顏值PPT。

「代購一千元搶不到，我花五十多元搞到手」這裡就是利用了人們對極致性價比的追求，也是急功近利的人性弱點。

「扔一根」，具體是一根什麼沒有說，用了人們好奇的弱點。「毛髮油汙三秒瓦解」、「瞬間不堵了」，用了人們急功近利的弱點。

前半句用了人類逃避痛苦的行為驅動因素；後半句「手把手教你」，就像和顧客對話一樣，用到了人類只願意「關注和自己有關的」這個行為驅動因素。

如何讓顧客覺得和自己有關呢？常用的套路就是**在標題中加上「你」字，產生與顧客對話的效果**，進而吸引他的關注。

有讀者可能會說：兔媽，好奇、懸念、加入「你」字……這些套路我用過，有時候管用，但有時點擊率很普通。問題出在哪呢？就是你忽略了產品和投放帳號。

不同產品、不同帳號的受眾群體喜歡的標題不一樣。所以，單一談論套路和技巧，不考慮產品、內容和投放帳號的好標題，都是「要流氓」。

關於這一點，我總結了幾類的標題寫作技巧。

案例一：美食類

寫美食類文案的標題，你要用文字活靈活現的描繪出食物誘人的顏色、形態、口感以及身心體驗等，營造感官上的刺激和貼切人群的生活場景，進而激發顧客想要嘗鮮的欲望。它的本質是利用了人們嘗鮮好奇的行為驅動因素，它的寫作要點是感官體驗、生活場景、驚嘆詞、稀有程度，**常用範本是感官體驗＋生活場景＋驚嘆詞**。舉例來說：

- 〈牛肉辣醬〉：好吃得直跺腳！超大粒牛肉辣醬，忍不住嗑掉了三碗白飯！口口爆汁嚼到爽！
- 〈鷹嘴桃〉：桃界「愛馬仕」鷹嘴桃，只賣十五天，錯過等一年！甜香爆汁不塞牙！
- 〈蔥油餅〉：神奇的牛軋糖蔥油餅，一口咬下五十四層！老人小孩都愛吃！

「好吃得直跺腳」是驚嘆詞，「超大粒牛肉辣醬」、「口口爆汁嚼到爽」分別是視覺和口感上的感官體驗。「忍不住嗑掉了三碗白飯」凸顯好吃，也指出了搭配牛肉辣醬的生活場景。

「桃界愛馬仕」、「只賣十五天」突出了鷹嘴桃的珍貴稀有，「甜香爆汁不塞牙」是感官體驗。

「一口咬下五十四層」透過具象化的視覺畫面，凸顯蔥油餅的酥脆。「老人小孩都愛吃」讓你想到父母、孩子開心吃餅的生活場景。這個場景一般是當下最常見的場景，或是目標顧客的理想場景，比如冬天吃火鍋必備、老人孩子都愛吃等，讓你更覺得有必要買來嘗一嘗。

案例二：付費課程類

課程是虛擬的，看不到、摸不著，也很難用幾十個字把好處完整的介紹出來。所以，課程類標題的首要功能，是透過講師自身的前後變化間接凸顯課程的價值，或是直接向顧客承諾將會得到的結果利益。它的本質是利用了人們好奇和急功近利的行為驅動因素，它的寫作要點是煽動顧客對現狀的焦慮、製造反差和懸念、加入「你」字，常用範本是**反差／懸念＋利益點**。反差主要有學歷和職業反差、年齡反差、前後境遇反差、顧客回饋反差等四個面向。舉例來說：

- 〈理財課〉：從月薪五千元到月入十萬元：會賺錢的人，都有**這個思維方式**。
- 〈吉他課〉：他玩吉他二十年，**從被嘲笑到一場演出收費十萬元**，現在手把手教你零基礎彈奏祕笈！
- 〈教育 App〉：孩子從全班倒數第一到第二名，這位媽媽**只做了這一件事**！

「從月薪五千元到月入十萬元」凸顯利益結果，讓你產生一種心理暗示——掌握這個思維，自己也能月入十萬元。「這個思維方式」到底是什麼方式？製造懸念，讓顧客忍不住點擊。

「從被嘲笑到一場演出收費十萬元」反映了境遇的反差，用「手把手教你」和讀者對話，吸引注意。

「從全班倒數第一到第二名」屬於顧客回饋的反差，「只做了這一件事」到底是哪件事？製造懸念，引發好奇。

案例三：母嬰用品類

母嬰用品類的核心功能是傳授媽媽育兒知識，比如如何讓寶寶愛上吃飯、長得更高，如何減少寶寶生病等。它利用的是媽媽害怕寶寶吃不好、睡不好、長不好、學不好的痛點，只是產品的使用者和購買者不是同一個人。它的寫作要點是**懸念**、**好奇**、**引發焦慮和恐懼**，**常見的套路是懸念＋資訊差**。舉例來說：

- 三歲前忽略**它**，寶寶抵抗力差易生病，小兒科醫生也強調！
- 乍看不起眼，卻比豬肉、牛肉都要好，這個季節急需吃**它**！
- 媽媽啟蒙**這樣**「玩」著學，堅持三個月，孩子**竟**……

這幾個標題透過**「它」**、**「這樣」**、**「竟……」**成功的**製造出資訊階梯**，即作者掌握著讀者不知道的祕密，讓媽媽覺得如果不知道就有可能影響寶寶一生，這種心理壓力促使她趕緊點擊閱讀，從而提升閱讀量！

案例四：時尚類

時尚類標題的首要功能就是製造流行，比如「娛樂圈明星都在用」、「火爆ＩＧ」等，利用顧客的趨同性和好奇心，刺激他點擊一探究竟。它的寫作要點是蹭明星流量、可量化的價值、對標大牌凸顯極致性價比，常用範本是**試用體驗＋使用場景、好奇＋圓滿結局**。舉例來說：

- 〈眼膜〉：這款國貨火了，ＩＧ百萬粉絲藝人囤十盒，用過最酷的眼膜！
- 〈Ｔ恤〉：為什麼全世界女明星都在穿這件白Ｔ？永不發黃，還顯瘦五公斤，誰見誰動心！
- 〈去黑頭粉刺〉：趙麗穎毛孔太搶鏡？不到一百元的「磨皮原液」，用完萬年黑頭粉刺也消失了……。

「ＩＧ百萬粉絲藝人」透過明星製造流行，讓你好奇到底是什麼眼膜。「囤十盒，用過最酷的眼膜」突出使用產品的美好體驗，好用到明星都回購。

「為什麼全世界女明星都在穿這件白T？」製造流行，並引發好奇。「永不發黃，還顯瘦五公斤」凸顯產品的價值利益。

「趙麗穎毛孔太搶鏡」蹭明星流量，「不到一百元」凸顯產品的極致性價比，「用完萬年黑頭粉刺也消失了」凸顯可量化的價值利益。

案例五：功效養生類

功效養生類標題的首要功能是喚醒顧客關注和重視某類健康問題，本質是利用了人們逃避痛苦的行為驅動因素。它的寫作要點是普遍痛點、產品效果、可量化的價值利益，常用範本是目標顧客的**具體痛苦＋解決方案／圓滿結局**。舉例如下：

- 〈美白飲〉：黑黃皮有救了！每天一袋，吃掉暗黃、斑點？一週白了一階！
- 〈清新糖〉：睡醒、飯後有口臭？會爆汁的口氣清新糖，含一顆，連打嗝都是玫瑰香！
- 〈暖宮貼〉：宮寒讓你老十歲！這個抖音、IG爆火的暖宮神器，比喝一百杯紅糖水還管用！

這幾個標題都是先指出目標顧客普遍存在的痛點，讓人對號入座產生共鳴。緊接著給出破解方法，或是描述使用產品後的圓滿結局。這裡的關鍵有兩個：一是痛點要具體，二是價值利益要可量化。常用的技巧是**數字＋結果**，比如「一週白了一階」；對比大眾熟知的產品，比如「比喝一百杯紅糖水還管用」；具象化描述，比如「連打嗝都是玫瑰香」。

下標要用科學流程

很多人寫標題都是憑感覺，覺得寫個好標題很難。實際上，只要你按照科學的流程，也能輕鬆寫出高點擊標題。下面就簡單分享我自己寫標題的流程，總共有以下五個步驟：

1. 明確產品屬性，提煉核心賣點。
2. 思考目標顧客生活中與核心賣點相關的場景、需求和心理。
3. 把核心賣點翻譯成目標顧客秒懂的語言。
4. 選用兩到三個合適的範本套路。
5. 將範本排列組合，寫出三至五個標題，並檢查優化，投票測試。

不知道讀者有沒有發現，光起個標題，我就把前面講到的深挖痛點、提煉賣點、顧客分析等都用上了。標題是整個文案的靈魂，我們一定要重視。

POINT

爆款文案

- 顧客點擊標題的四種行為驅動因素：逃避痛苦／焦慮、嘗鮮好奇、急功近利、關注和自己有關的。寫標題時，要思考一下用哪個因素來吸引顧客點擊，這樣才不容易失敗。
- 五種常見領域的標題寫作技巧，分別是美食類、付費課程類、母嬰用品類、時尚類、功效養生類。按照寫作要點和範本直接套用，你也能輕鬆寫出點擊率五倍飆升的吸睛標題。

2 勾魂開場三法則，讓讀者只刷你的文

一個好標題，能吸引比普通標題多三到五倍的流量。但是，打開後，讀者就一定會認真閱讀嗎？絕大多數時候，不會！而能否讓讀者留下來的決定性因素，就是文案的開場。

如果把文案人比喻為狙擊手，開場就是你射出的第一顆子彈。第一顆子彈射偏或不爆炸，讀者就會立馬點擊右上角的叉叉按鈕，再也不回來了。那麼，正文寫得再精彩都毫無意義了。

然而，想要寫出一個不讓讀者跑掉的好開場並不容易。沒有方法的人，往往要花兩到三小時想開頭，結果卻不盡人意——沖好了咖啡，放上喜歡的音樂，然後坐下來打開 Word，大腦卻一片空白，半天擠不出一個字。不是蹭熱點、編故事，洋洋灑灑的寫完一千字，還沒引出要講的主題，就是轉折生硬。

開始不了、結束不了、轉折生硬，這也是很多文案人，尤其是文案新手寫開場最常面臨的三大窘境。

先來回憶一下你拿出手機看一篇貼文的情況。

你可能是睡眼惺忪的剛醒來，也可能在捷運上，或是正在和朋友聊天、在吃飯，你被標題

吸引著點了進去。不管在哪裡、在幹什麼，此時的你都是心不在焉的。

你快速的瞄了一眼，心理是這樣的：

「哎呀，這文章好燒腦啊，看不懂，關掉！」

「呵呵，農藥防病蟲和我沒關係啊，浪費時間，關掉！」

「竟有人賣掉臺北學區房回鄉種田？為什麼啊！」

「咦，每天吃飽還能一週瘦五公斤，怎麼做到的？」

我們每天機械式的流覽海量資訊，就像在固定的時間起床、固定的時間吃飯、固定的時間休息一樣。你不知道今天要看什麼、要買什麼，你只是機械的刷刷刷。但潛意識裡，你是有篩選標準的：晦澀難懂的不看，浪費腦細胞；和我沒關係不看，浪費時間。

而**唯有簡單易讀的**、**與你有關的內容**，**才能打斷你這種機械反應**，迅速吸引你進入短暫的沉浸狀態。

對於讀者也一樣，你要投其所好，吸引他進入短暫的沉浸狀態。此時，他的大腦才能敞開，你才能把廣告資訊輸入給他，成交也就變得水到渠成了。

一個好開場要遵循的三大法則，就是簡單易讀、關聯用戶、投其所好。明白了這個原則，就不愁寫出讓讀者上癮的勾魂開場了。

用SCQA找痛點，讓顧客對號入座

我也歸納總結了三個價值百萬的開場方法，分別是痛點開場、互動開場、故事開場。這是我幫商家打造爆款常用的方法，也是我拆解三百多篇爆文總結出來轉化率最好的開場方法。

第一個方法——痛點開場法。

什麼是痛點開場法？就是戳顧客的弱點，**激發他的恐懼和焦慮**。比如，比朋友長得醜，比同學混得差，喜歡的裙子拉不上拉鍊，一到冬天皮膚就乾燥起皮等，**讓讀者內心中產生一種自我投射：「對對對，我就是這樣」**。

這裡的關鍵是：找準痛點，並且要精準描述用戶的痛點。

這裡推薦一個屢試不爽的方法——SCQA痛點模型。這是前麥肯錫顧問芭芭拉·明托（Barbara Minto）提出的一種邏輯思維方法，包括S（situation，情境）、C（complication，衝突）、Q（question，問題）和A（answer，答案）四個部分。

先提供一個目標使用者熟悉的情境，這個情景可以是真實發生的，也可以是假設的。緊接著描述情境中存在的矛盾，就是C。然後，引導目標使用者反思和思考，「我要怎麼辦」，也就是問題Q。最後提供可行的解決方案A，就是你要賣的產品或服務。

這個結構的優勢在於，它一直在引導你站在目標使用者的角度思考，避免自嗨。對於這個問題，我結合兩個具體案例來解析。

第一個案例是我一個朋友為減肥課程寫的開場。

減肥課程

你有過這樣的經歷嗎？

早上起床，準備把自己打扮得美美的出門，卻發現去年最愛的裙子拉不上拉鍊了，換個休閒牛仔褲，卻變成了緊身褲，想哭。

上週，和同期入職的小敏競聘主管，彼此實力不分上下，最終卻錯過了主管職位，因為輸在「形象不佳」，但基因是父母給我的，望著自己「微胖」的身材，我也很無奈。去海邊玩，朋友們都穿上精心挑選的比基尼泳衣，而我卻包得緊緊，生怕多餘的肉肉不小心跑出來。

每次內心都在怒喊，我一定要瘦下來！只是，節食？要和美食說拜拜，殺了我吧。運動？最近經常加班，我沒時間。減肥藥？會不會傷身體？抽脂？我怕死……。過去，減肥對我來說，比登天還難，我一度都要放棄自己了。直到遇到了她，一切開始變得不一樣了。

這裡首先描述了小編具體經歷的情境，「早起想美美的出門，結果最愛的裙子卻拉不上拉鍊了」，由此讓目標讀者產生共鳴，拉近與讀者間的距離；但僅僅拉不上拉鍊是不足以刺激讀者採取行動的。所以還要**製造衝突，讓矛盾升級**：「因為微胖的身材，錯失主管職位」、「去海邊玩，只能眼巴巴看著朋友們穿上精挑細選的比基尼泳衣」；此時讀者尋找解決方案的欲望就非常強烈了。接著提出目標使用者關心的問題：「我一定要瘦下來，只是要用什麼方法？」最後給出解決方案，老師的減肥課幫你輕鬆變瘦、變美。

軟裝課程

問你個很現實的問題：如果你幹了七、八年設計，還拿著八千元的月薪。一個方案改了N個版本，但為了所謂的KPI（按：Key Performance Indicators，關鍵績效指標），只能忍氣吞聲。沒有週末和節假日，你快堅持不下去了，多次跟主管提出加薪，結果主管不是「哦哦哦，知道了！」給你打太極，就是呵呵一笑說：「用業績說話。」這時候，你敢拿著辭呈走到主管面前大聲說，我不幹了嗎？

放在兩年前，王文是絕對不敢這麼幹的。但是，二〇一八年六月他卻這麼幹了。同事都以為他肯定是找到下一間公司了，不然辭職的時候哪敢這麼有骨氣！

事實是這樣的。二〇一八年二月，王文接了個案子，這個客戶很奇葩，一天一個想法，改了N個版本，每天改稿到凌晨十二點……崩潰之時，他在朋友的推薦下，參加了一位老師的軟裝設計（按：指空間中的裝飾陳列設計，例如：桌子、椅子、燈飾等）培訓營，把學到的新方法立刻用到方案中，結果客戶不但很滿意，更重要的是還給他介紹了幾筆業務，一個月下來賺了八萬多元。

這裡描述的情境是：「如果你幹了七、八年設計，拿著八千元的月薪。一個方案改了N個版本，但為了所謂的ＫＰＩ，只能忍氣吞聲。沒有週末和節假日。」

緊接著，製造衝突，「這麼累就算了，主管還不給你加薪」。然後，提出顧客心坎裡的問題：「受不了你的工作，你敢說老子不幹了嗎？」最後，透過一個具體案例引出解決方案：學習某課程，讓你賺到三到五倍的工資，還不用受客戶和老闆的氣。

細心的讀者可能發現了。我是根據目標使用者的普遍現狀假設的一種情境，戳的是職業焦慮，以及對刁鑽的客戶、摳門老闆的憤怒。

對大多數軟裝設計師來說，加班改稿是家常便飯。很多人面對反覆無常的客戶無數次下決心：「把這個案子結了，我就不幹了！」但是，明天還是乖乖上班。因生存壓力不敢辭職，只能敢怒不敢言！我就是透過ＳＣＱＡ模型，穩、準、狠的一刀戳中用戶的這個弱點。

這個課程單價是四百九十九元，二十節線上課，和大多競品的九十九元、一百九十九元比起來高出很多，但當時的轉化率是四．八%，遠高於同行的一%至二%的轉化率！

要強調的是，有些文案可以看出清晰的ＳＣＱＡ結構，但有些則會側重其中的某個部分。這裡最重要的是**情境**S和**衝突**C，這兩部分也是**引發讀者共鳴的關鍵**。

仔細看這兩個案例就會發現，情境和衝突都是透過文字描述，創造了一種具體的畫面，比如「早上起床，最愛的裙子拉不上拉鍊了」，讓讀者腦海中忍不住浮現某天早晨自己裙子穿不上的情形，更容易引起共鳴和情緒。

用「你」來對話，讓顧客跟著你的思路走

第二個方法——互動開場法。

文案的本質作用是溝通，而溝通的核心是和讀者多互動。

相信在很多演講現場，大家經常會看到這樣的情況：演講者上來首先和大家玩個小遊戲，或者向觀眾提出一個問題。其實，就是用互動的方式創造與讀者的相關性，調動觀眾的參與感，進而引起對方的關注。

具體如何把它用在文案中呢？以下請看兩個案例。

第一個案例是我為某百萬粉絲母嬰平臺寫的砧板文案，當時銷售額一百多萬元。開頭是這樣寫的：「你發現沒？平時我們用的砧板還挺難清理的：用不了多久就會有很多刀痕，坑坑窪窪的，洗不乾淨，切菜容易有異味，還會染色和開裂。」是不是就像兩位媽媽聊天一樣，很容易就把人代入了某種場景。

第二個案例是我為某兒童足貼寫的文案：「在文章開始之前，我想先和媽媽聊幾個問題。每年，你家孩子感冒、發燒、咳嗽幾次？每年，你要帶孩子去幾次診所、醫院？每年，你在孩子健康上花的錢起到了多大的作用？在寶寶成長過程中，生病是無法避免的事。我想可能很多家庭每年花在孩子看病上的錢，沒有上萬也有好幾千，但無非是吃藥、打針、打點滴。至於孩子體質差背後的原因是什麼，很少有人去深究。」透過這些互動提問，迅速吸引讀者的注意力，引導讀者跟著你的思路走。

用心的讀者應該會發現，這裡有個魔力**關鍵字「你」**。

當開始使用「你」這個字時，讀者潛意識中會認為這個**內容是與自己有關**的，他們的資訊接收裝置就會打開，這也是**成交的基礎**。

這時候，很多讀者可能會說：「兔媽，不就是加入『你』字嗎？我用過，效果不大。」其實，互動開場能不能成功抓住讀者的注意力，除了「你」字，最核心的祕訣是怎麼設計問題。

提問本身就自帶力量，但如果是平凡、了無新意的提問（比如，你對現在的工作滿意嗎？你一熬夜就有黑眼圈嗎？），被忽略的風險就會很高。所以，你要站在讀者的立場思考，這個**問題是否會讓他有任何新奇的發現**？有沒有藏著他**渴望的理想結果或答案**？

比如，下面這兩個案例。

✕

- 你昨晚睡得好嗎？

〇

- 你有多久沒有像嬰兒一樣，好好睡上一覺了？

同樣的表達意思，但第二句的力度就明顯大很多，因為提問當中暗藏著讀者想要的理想結果，更容易促使讀者採取正面行動，就是購買你推薦的產品。

讀者一看就刷掉的 NG 句：「我有一個朋友……。」

第三個方法——故事開場法。

如果想要讓某人戀愛結婚，先不要急著催促他去交友、去相親，而是要激起他對愛情的嚮往和渴望，最聰明的辦法是給他講一個關於愛情的故事。

當人們聽故事時，潛意識的閘門是打開的，也更容易受劇情驅動，被喚起某種強烈的情緒，比如感動、憤怒、恐懼、焦慮。情緒越強烈，越容易形成記憶和影響。

很多課程都會教你如何寫好故事，比如要搭建「目標→阻礙→努力→結果→意外→轉彎→結局」等。但賣貨文案的開頭不同於小說創作，並沒有太多的篇幅供你發揮，你只能保留最吸引讀者的精髓部分。所以，好的故事開場有三個標準——第一，不落俗套；第二，短小精悍；第三，穿透力強。

要寫出一個讓讀者有共鳴的故事開場，主要有以下兩個要點。

● 符合用戶畫像

你要講的是會發生在目標使用者身上的、有代表性的故事，這樣才能讓你的目標使用者覺得：「是的，這說的就是我。」

這就需要你根據用戶畫像去為劇本主角設置情境，包括基本屬性（身分、年齡、性別、職業）和社交屬性（經常出現的場所、日常動態）等。

曾經有一位學員，她的核心客群是三十到三十五歲的中產文藝女性，而她的故事主人公卻是一位八十歲的老奶奶。即便這個故事再出彩，也很難讓目標使用者產生代入感，並引發共鳴。另外，還有個增加真實感的小技巧，就是直呼其名。比如朋友文文、同事林敏等，而不是簡單說「我有個朋友」。

● 描述關鍵細節

注意，這裡我說的不是豐富的細節，而是關鍵細節。因為用戶畫像會有很多資訊，但你不能全部寫上去，那就太長了。你要捨棄那些不痛不癢的事實，只保留尖銳的關鍵細節，比如場景、衝突等。這樣，你的開場才能短小精悍、有穿透力，才能戳中讀者的內心深處。

POINT
爆款文案

● 極具吸引力開場的三大法則。首先，簡單易讀，要讓讀者在幾秒鐘內就能讀懂、理解。其次，關聯用戶，讀者只關心他自己，所以你要讓讀者認為與他有關。最後，投其所好，根據讀者的興趣喜好找切入點。

● 三個價值百萬的開場方法。第一個是痛點開場法，第二個是互動開場法，第三個是故事開場法。

你可以分析產品適合哪種方法，也可以在上述基礎上進行組合升級，反覆運算出適合自己的新方法。

3 塑造信任，顧客證言＋翻譯權威

如果我告訴你：宇宙中有三千億顆星星，你相信嗎？九〇％的人相信，因為天文學家已經證實。但如果我遞給你一個盤子，告訴你這是熱的，你還相信嗎？估計很少人相信，因為我沒給你證實。

顧客讀你的文案時也是一樣的，他懷疑、不信任文案中宣揚的資訊，而不信任就等於「不會買」。

所以，文案的任務就是用一個個無可辯駁的事實，構建產品的信任關係矩陣，證明產品的品質和價值，最終讓顧客堅信：購買後，我就能獲得文中承諾的好處；我研究了產品的每個細節，考慮周全才下單的，選擇它是明智的。

對於如何構建產品的信任矩陣，這裡我介紹六種常用的方法：

第一種方法：標示產地、原料，讓顧客看見產品特色。

隔著手機螢幕，顧客看不到產品是如何由原料一步步變成成品的，他潛意識裡會懷疑。而透過具象化的描述，呈現產地的環境、原料的篩選標準、製作的加工流程，就像帶著顧客參觀了一遍，他就會更信任。

以下案例是這樣寫的：

鴨蛋

清晨當海鴨去覓食後，鴨農就會去鴨巢裡收每天新產的海鴨蛋，先剔除破損的蛋。再對收穫的每個鴨蛋進行光照篩選，挑選出渾濁、散黃（按：指蛋液稀又混濁）、黑黃的壞蛋，保證了每一顆烤海鴨蛋的新鮮。

再將精選出的海鴨蛋裹上海鹽、海水和海泥調製均勻的泥漿，靜置醃漬二十二天左右，讓美味發酵。醃好後的海鴨蛋以一百三十度的高溫烘烤五小時，在烤熟的同時還能殺菌。烘烤後的蛋黃顏色不是普通的橘紅，會更深，一口咬下去，就能感受到紅沙棘油的香味。

對於吃的東西，顧客會考慮是否安全、健康、新鮮，而這段文字具象化的描述了鴨蛋的篩選標準、醃漬細節，讓顧客相信品質有保證。

可能有讀者會說：「兔媽，我們的產品很普通，怎麼辦？」首先，你要多和研發人聊天，了解其選材、製作，看有什麼亮點。比如我曾給某花果茶寫文案，透過和研發人聊天知道，花果茶晒乾是沒味道的，很多品牌為了香味濃郁就噴香精。他們則是先把花中的精油萃取出來，烘乾後再回噴到茶上，我就把這個細節寫出來，增加顧客信任。

茶葉

所有原料，必須符合歐盟檢驗標準。樂克說：「來自全球優質茶園的原料想要進入倉庫，除了發貨前五次抽樣送檢，還要經過德國工程師和世界一流實驗室的層層審核，確保零農藥殘留、零重金屬和微生物。」

採摘也非常有講究，茶農們在每天清晨兩點到六點，頭頂探照燈、掛上茶桶，手工挑出沾帶晨露、呈一心二葉的茶。他們說，這種茶的味道最正宗。期間還要經過三度嚴苛分揀，醜的不要、小的不要、蟲蛀的不要，然後清洗、切分。

其中最核心的一步，就是從花果中萃取花青素、抗氧化劑、精油等營養成分，再以蒸汽低溫烘乾二十四小時，並把萃取的營養回噴到烘乾的花果茶上。這樣既保持了高濃度的花青素、抗氧化劑等，又保留了花果原本的香氣。這也是這款花果茶在不添加人工香精、色素的情況下，仍能保持濃郁花果香的祕訣。

如果實在挖不出來，也沒關係。你可以看競品有沒有把這些細節寫出來，如果沒有，那你第一個寫出來，顧客會更信任你。

為什麼大家都在排隊、瘋搶？只因為暢銷

第二種方法：暢銷、銷量數字。

你有沒有這樣的經歷：看到一家店鋪大排長龍，儘管你不了解發生了什麼，但就像被磁鐵吸著一樣，加入排隊大軍？

對於這種現象，《烏合之眾：為什麼「我們」會變得瘋狂、盲目、衝動？讓你看透群眾心理的第一書》（*The Crowd: A Study of the Popular Mind*，繁體中文版由臉譜出版）這本書給出了結論：即便錯得離譜，七四％的人也會從眾隨大流。當你明示或暗示產品很暢銷時，顧客就更容易購買。他會覺得：**這麼多人選它，肯定不會錯**。

所以，你擺出銷量、顧客人數等資料，比如累計銷售二十萬支，顧客就更容易下單。但問題是，對大多新品牌來說，銷量不高、顧客也不多，怎麼辦？

關於這個問題的解決，接下來告訴你以下五個技巧：

- 描述單位時間的銷量。比如，六一八購物節（按：最早是源自於中國B2C的電商平臺京東集團）你做了促銷，一小時賣了三千支，就可以說：「上架一小時，賣了千支。」

- 營造高人氣。比如「新品初上市，一個月售罄」。其實，第一批的新品只有五百份，但顧客會覺得「好火爆」。還可以寫「一萬支試用小樣，兩天被領取完畢」，讓顧客感到產品的人氣很高。
- 被同行模仿、打聽。我曾經給一款手工麵寫文案，這家產品只在當地小有名氣。當時和負責人聊天才知道，大品牌的食品公司都曾經派人打聽過其配方，我寫出來，顧客就會覺得賣得不錯。
- 高好評率。數量上不占優勢，但一百個人用了，九十九個人都說好，你就可以說「好評率九九%」，別人會覺得值得信賴。
- 高回購率、高推薦率。顧客數量不多，但每位老顧客都回購、都推薦給朋友，你就可以說「回購率多少」，或者說「九〇%的顧客用完都推薦給朋友」。

抱權威、專家大腿

第三種方法：借勢權威。

看到明星代言、專家推薦，我們潛意識就認為這是大牌，值得信賴，這就是權威的威力。體現權威，主要有四個角度，即權威供應商／代工廠、權威專家、權威報告和權威獎項。

比如我曾給一家母嬰品牌寫砧板文案，就用到了三種權威背書。第一，權威獎項：德國紅點設計獎（Red Dot Design Award，全球規模最大、最有影響力的設計競賽之一）。第二，權威專家：美國白宮御廚。第三，權威報告：德國和中國科學院的抗菌防黴檢測。

接下來透過兩個案例詳細解析，如何具體運用權威供應商。

第一個案例是我為某護膚品牌寫的文案，借勢權威部分是這樣寫的。

美白精華

之所以美白淡斑效果這麼厲害，與它的「明星」成分表分不開。其所含菸鹼素、傳明酸、光甘草定等原料供應商，分別是荷蘭皇家帝斯曼（DSM）、日本林原[10]、美國薩賓沙（Sabinsa），也就是 SK-II、雅詩蘭黛（ESTEE LAUDER）、雪花秀（Sulwhasoo）等的供應商，品質絕對是頂尖的，這也是目前市面上唯一款敢全部用大牌成分的美白精華，一點也不比千元大牌差。

這裡就是用了借勢權威大牌供應商的方法。

流行服飾

青紡聯是什麼？我知道你根本沒聽過這個名字，但我說幾個牌子你肯定全知道：

LEVI'S（李維斯）、Lee、H&M、A&F、JACK & JONES（傑克瓊斯）……哪個不是口碑、品質響噹噹的大品牌！這些受到無數年輕人追捧的品牌服裝，就是由青紡聯製作加工、合作出品的。

也許你上週末花五百元剁手的 LEVI'S 牛仔褲，就是青紡聯的手筆。

這段就是透過大牌同樣的代工廠，凸顯產品的權威和高品質。

借勢權威時有個細節，就是**不能把權威直接寫出來**，而是要思考一下這個權威是不是大眾熟知的。比如德國紅點設計獎，專業人士很熟，但一般人是不知道的。

這時你的權威就失效了，怎麼辦？

正確的方法是**翻譯成大眾權威**，所以我寫出「這個獎是世界三大設計獎之一，有『**設計界奧斯卡**』之稱」。這樣即便是普通媽媽，也能明白這個獎很厲害。

包括護膚品和 T 恤，如果只寫帝斯曼、青紡聯，沒幾個人知道。但如果指出是 SK-II、雅詩蘭黛供應商，是歐美一線大牌御用工廠，顧客就會覺得其產品「肯定值得購買」。

這時可能有讀者就困惑了：兔媽，妳說的這四個角度，我們的產品都不符合，怎麼辦？

教你一招：抱權威大腿！來看兩個案例。

10　全球第一家能穩定量產海藻糖的公司。

第一個是我寫的一款美白飲，它有個成分是超氧化物歧化酶（Superoxide Dismutase，簡稱SOD）。我當時查了很多資料，發現它竟是很火的POLA（寶麗）美白丸的核心成分，我就寫「貴婦級美白丸POLA的核心美白成分」。

第二個是這兩年很火的一款中國品牌，其核心成分是菸鹼素，就可以寫「SK-II、資生堂等千元大牌的關鍵美白成分。」其實成分的含量和品質可能是不同的，但確確實實是同一種成分，顧客就會覺得「還不錯」。

找不到權威，你得揭露「內幕」

抱權威大腿的幾個常用思路是：大牌配方、大牌成分、大牌產地。如果實在**找不到權威推薦，那就打造專家人設**。

套用某一線明星的話就是：我找不到權威，我自己就是權威。就是讓顧客覺得你是行家，進而信任你推薦的產品。常用技巧有兩個，即揭露行業內幕、顧客自查。

這會讓顧客產生兩種心理：第一，你竟知道別人不知道的內幕，應該挺專業的。第二，你有自信這樣說，你推薦的產品肯定是經得住檢驗的。最終就會選擇你。

要注意的是，揭露內幕要有檢驗效能（按：指兩總體的差別，亦稱把握度）。否則，顧客否定了整個行業，就永遠不會買了。

第二個案例是賣乳膠枕的，我就用了顧客自查，就是教顧客辨真假的寫法。

乳膠枕

第一，摸。真的乳膠枕就像嬰兒肌膚一樣Q彈，像摸著蛋白質的感覺。

第二，聞。如果聞到牛奶、香精、椰子的味道，都是假的。真的乳膠枕是氣球和橡皮筋的味道，帶一點淡淡的乳膠清香。

第三，看。在強光下，如果乳膠是可以反光的，證明添加了很多添加劑或人工合成乳膠。真正的乳膠枕是沒有反光的。最後，觀察表面，它一定是不完美的，醜醜的。百分百的天然乳膠在製作上做不到那麼漂亮，有瑕疵才是真的。

其實，它的本質和揭露內幕有點相似。顧客會覺得你知道這麼多細節，肯定是專家，並且會認為你的產品肯定符合這些條件。

如何用呢？首先，你要提出一個目標顧客關心的問題，再給出自查的細節。具體可以從三個面向自查：第一，外觀的區別。第二，感官體驗的區別，比如氣味、口感、手感等。第三，試驗結果的區別，用物理、化學、生物方法來驗證，常見的有火燒、紫外線、汙漬等。

這四種顧客證言，文章沒「業味」

第四種方法：顧客證言。

這個方法大家都不陌生，但正因為太普通，很多人不重視，結果寫的顧客證言一看就很假。要寫出能夠打動顧客的評價，需要注意以下四個要點。

● 口語評價

試想一下，有幾個顧客會在評價中寫「洗臉巾清潔徹底」，大多也就是寫「化妝棉擦過後好髒呀，以為洗得很乾淨，竟還有好多髒東西被擦出來」。

● 具體

不要說「很好」、「很讚」等籠統的資訊，而要說出具體好在哪，讓顧客一看就覺得你是真的用過。比如賣煎鍋，可以寫：很好上手，小學一年級的兒子就能操作；煎雞蛋調到中火會焦，小火正好；煎餅也很快。越具體，可信度越高。

● 場景

不要簡單寫「用過」，要寫明在什麼場景下用的，具體有什麼樣的體驗。讓顧客產生一種映射，想到自己在這種場景下也能獲得同樣的好處。**常用範本是：常見生活場景＋美好體驗。**

比如賣煎鍋：「餐廳級美味三明治，三分鐘就搞定！每天早上還能多睡二十分鐘。」

- **欲揚先抑：先自爆小缺點，信任到手**

有時自爆一些不痛不癢的小缺點，反而會讓客人覺得更真實。尤其適合功效型產品，比如賣眼膜，你寫「用完黑眼圈立馬就沒了」，顧客肯定說你是騙子，但如果說：「前兩天效果不明顯，以為又買到雷品了，第三天就發現黑眼圈淡了。」這才符合正常認知，也更容易獲得信任。

顧客案例的暗示心理學

第五種方法：顧客案例。

顧客案例也是獲取信任屢試不爽的招數，利用已有顧客的收益來佐證新顧客的收益預期，還能讓顧客產生強烈的積極暗示：「對別人有效，對我肯定也有效。」

要做到說服力強、讓人覺得可信，有三個要點：第一，符合用戶畫像，包括年齡、職業等。第二，有前後的收益對比，特別是使用前的情況以及使用後的收益。第三，有真實的照片、截圖證據。

來看兩個爆款案例。

第一個是襯衫裙，顧客案例部分是這樣寫的。

襯衫裙

微胖的女孩才最美。

試穿人：思嘉／職業：電商運營／身高：一百六十一公分／體重：五十三公斤／試穿尺碼：M。

● 試穿前：最近正在減肥的思嘉，對自己身材並不滿意。喜歡T恤搭配半身裙，覺得可以遮腿顯瘦。平時拒絕穿襯衫裙，認為襯衫裙只有高瘦子才適合。

● 小點評：氣質較好的思嘉，這樣穿也是美的。但上衣塞進裙子，視覺上小腹變鼓，沒有腰部曲線，顯得整個人都很「壯」，更無法凸顯高個的優勢。

● 試穿後：一番勸說（誇她美），思嘉才換上了襯衫裙，效果好到超出預期！直接顯瘦五公斤，不用減肥了！

將白色腰帶系在最瘦的地方，就能提高腰線，達到胸以下都是腿的拉長效果。襯衫裙下身寬鬆，藏起小肚子和大腿。裙長底部到小腿中間，只露出顯瘦的腳踝。身材凹凸有致，連她自己都說：「以前總覺得自己不適合這種風格，但穿上這條襯衫裙，似乎發現了另一個自己。」

這篇文案滿足了三個要點，先給出試穿人的職業、身高、體重等畫像標籤，給出試穿前後的收益對比（之前不敢穿襯衫裙，穿上後顯瘦五公斤），並配上前後的對比照片。讓顧客看完很有共鳴「我以前也是這樣想的」，並且打消「不適合」、「穿上不好看」的疑慮，並想像自己穿上也能顯瘦五公斤，進而爽快下單。

第二個案例是某爆款記憶課，顧客案例部分是這樣寫的：

記憶課程

七歲的志豪是她的學員，他曾經對學習絲毫提不起興趣，學習成績在班上也是倒數。為了改變孩子，志豪的父母專程來臺北找到了菲菲。

因為家住宜蘭，渴望改變的志豪每週專門到臺北學習，三次課程後，志豪發生了翻天覆地的變化：語文成績從班級倒數幾名考到了一百分，位列班級第一。如今的志豪成了一名不折不扣的資優生，專注力和自信心得到極大提升，對學習也充滿了興趣。曾經普通的小男孩成了父母的驕傲，也成了班級同學的榜樣。

這篇文案符合用戶畫像，有前後的收益對比，而且有照片和聊天截圖為證。不僅會讓顧客覺得「你講的肯定是真的」，而且還會覺得「我家孩子對學習也沒興趣，報名後肯定也能學好」。

除了用事實＋產品展示，你還得……

第六種方法：產品展示。

展示不需要重複介紹產品的特性，而是直接證實產品的品質和效果。常用的套路有三個，即文字試用、實驗報告、極限挑戰。來看兩個案例：

> 我一般一週敷兩到三次，每週堅持用，三週後進行了膚色測試，報告顯示：白了一個階。旋轉跳躍！連朋友都問我是不是偷偷去打了美白針。
>
> 使用感也很走心！拆開面膜時，我嚇了一大跳：每一片面膜有足足二十二毫升的精華！這分量，敷一片功效幾乎等於用三分之一瓶美白精華。

這段文案就用到了文字試用和實驗報告的方法。

隔著手機螢幕，顧客感知不到產品體驗和效果，所以你要把試用過程展示出來，讓顧客像親自試用了一樣。寫好文字試用有兩個要點：第一，細節，比如「一週敷兩到三次」、「三週後」、「足足二十二毫升的精華」。第二，畫面感，比如「旋轉跳躍」、「拆開面膜時，嚇了一大跳」。

「膚色測試」則是實驗報告。產品使用的資料報告會帶來更強烈的真實感，已有的收益預期也能對顧客形成心理衝擊。比如你說一週減掉四公斤，顧客不相信，但如果說第二天減掉一公斤，第四天減掉二．五公斤，第七天減掉四公斤，顧客就容易相信了，因為有詳細的過程。

下面這三個案例都用了挑戰試驗的方法。

〈使用技巧：挑戰試驗〉

- 〈行李箱〉：一個單手都很難舉起的啞鈴，從一公尺高左右的空中落在旅行箱上，箱體沒變形，抗衝擊能力過關。七十公斤左右的成年人站在旅行箱上，任意蹦跳、踩踏，箱子毫髮未傷，耐重能力過關。
- 〈卸妝水〉：這瓶卸妝水到手時，我先在眼睛處測試一下，果然很溫和、不會薰眼，多種植物精粹分子作為基底，質地很溫和。用來養魚完全不在話下。
- 〈砧板〉：我用黑墨水來代替血水或菜汁，浸泡一小時後拿出砧板沖洗，來做試驗對比。

透過極限挑戰的方法，證實行李箱結實、卸妝水安全、砧板好清洗。這裡需要注意的是，為了更真實，極限挑戰最好用動圖示範。具體如何做？

四個步驟：確定性能指標→設置挑戰方式→完成挑戰過程→證明產品品質和效果。

但平時經常有學員諮詢說：「兔媽，妳講的這些方法我也在用，但為什麼妳能把產品賣爆，我的轉化就是上不去呢？」

真相是：你講事實、做展示，勉強算是個優秀導購，卻沒有**像朋友一樣關注顧客的感受！**

聊到顧客心坎裡，怎麼做？

首先，在顧客注意力低下時，要多和他互動。

對於一篇文案，塑造信任處在中間，就像爬山一樣，此時的顧客已經疲憊了。所以你不能只顧展示產品，還要時不時的和他互動一下。

具體如何做呢？你要**穿插痛點以及競品對比**，讓他知道你做這一切都是為了幫他解決問題。你比對了很多產品才選出這個最佳方案，還要用大白話把給它帶來的好處量化，這樣才能重新吸引顧客的注意。

其次，不同產品要構建不同的信任矩陣。

很多文案都有個誤解：不管什麼產品，六種方法都用一遍，卻忽略了對不同產品顧客關注的點是不同的。

比如生鮮食品，你上來就講原料多好、製作多厲害，顧客根本不感興趣。他關注的是好不好吃。所以，你要先講文字試用，當他流口水了才會關注原料好不好、製作安不安全。

如果是生活日用品，他最關注的不是權威，也不是製作，而是「和我以前用的有什麼不同」。所以你要先透過產品展示，用強大的品質和效果震住顧客，這樣他才有興趣了解更多。

核心不在於你掌握了多少套路，而是什麼時候該用什麼方法。哪怕是簡單的「顧客案例」，你都要想清楚為什麼要用在這裡。它離不開你**對顧客分析**、**痛點**、**賣點的精準把握**，這也是**普通文案和賣貨高手的區別**。

POINT

爆款文案

- 有六種獲取顧客信任的方法：第一種，標示產地、原料，讓顧客看見產品特色。第二種，暢銷、銷售數字。第三種，借勢權威，以及怎樣打造專家人設獲取信任。第四種，顧客證言。第五種，顧客案例。第六種，產品展示。
- 塑造信任時必須牢記的兩大要點：第一，在顧客注意力低下時，要多和他互動。第二，不同產品要構建不同的信任矩陣。

掌握這六種方法和兩大要點，你也能讓顧客完全信任，轉化翻倍。

4 利用恐懼心理，他秒付款

曾經有位學員寫了一篇暖宮貼的文案，前面的使用者痛點、產品賣點以及邏輯架構至少有七十分，但上線後只賣出幾單。簡單幫她分析後，我發現最大的問題出在結尾。最後，我幫她改了個結尾，轉化率提升了三〇％。

文案的最終目的是讓顧客掏錢付款，而不是讓別人說「這個文案文筆真不錯」，然後看完就點了右上角的叉叉退出。如果不能成交，你之前的全部努力將毫無意義。

然而現實是，九〇％的文案都不重視這至關重要的臨門一腳。

美國頂級銷售文案約翰．卡普萊斯（John Caples）曾說過：「這個世界上有大量很好的廣告，但是卻很難讓人產生最終購買的衝動。」要麼就是一味的說「請馬上購買」，但顧客心裡會想：

- 「為什麼要立即購買？」
- 「我真的有必要買它嗎？」

- 「現在買划算嗎？會不會吃虧？」
- 「萬一不好用，怎麼辦？」
- 「老公會不會說我亂花錢啊？」

顧客在掏錢那一刻內心充滿了不安、猶豫甚至懷疑。他擔心做出錯誤的決定，害怕購買之後周圍的人不認可，更害怕失去金錢的痛苦。

為了避免抉擇的痛苦，他乾脆「算了，下次再說吧」。但絕大多數情況下，**顧客大腦中閃出「下次」這個念頭的一瞬間，就意味著永遠不會再購買**了。

作為一篇合格的文案，我們必須盡力避免這種情況。要知道，所有的成交都是需要設計的，一旦設計成功，顧客的購買力就會增加兩倍，甚至三倍。

想要設計出讓顧客爽快付款的收尾，你必須明白人們在消費決策時會考慮哪些成本。中國著名行銷人李叫獸（本名李靖）曾提出過影響消費決策的六大成本，包括金錢成本、形象成本、行動成本、學習成本、健康成本和決策成本。例如：

- 「月底就要還房貸了，下週小陳結婚還要送禮，等下個月再買。」——**金錢成本**。
- 「穿上這個裙子，同事會不會說老氣？」——**形象成本**。
- 「這個高跟鞋很好看，但會不會像家裡樓下買的那雙一樣磨腳？」——**決策成本**。
- 「這個樂高玩具會不會太難，孩子不會玩？」——**行動成本**。

● 「這款口紅價格不貴，顏色也好看，但不知道它的成分會不會對身體不好？」——**健康成本**。

● 「這套英語課採全外語教學，看起來滿不錯的，但買了沒時間學，怎麼辦？」——**學習成本**。

所以，文案的任務就是設計成交策略，讓顧客覺得這筆交易非常物超所值。只有這樣，顧客才會毫不猶豫的掏錢下單。

如何引導下單？消除他花錢的罪惡感

常用的引導顧客成交的方法有以下六種。

第一種方法：場景法。

顧客決定成交時，大腦通常有兩種意識，一種是解決痛點，另一種是展望未來。

而場景法就是利用顧客的這種心理，讓他看到：**不買產品，痛點得不到解決，要付出的成本和代價更大**。這些負面場景是顧客害怕出現的。為了避免痛苦，就更願意做出購買決策。

另一種是幫他描繪一幅美好畫面，讓他看到購買產品後，能享受的利益和好處。比如，學了某課程，就能獲取更好的工作，更高的收入，讓孩子上好學校，帶父母去國外旅遊等。當顧客想到這些理想場景，內心就有很強烈的欲望和衝動，也更容易採取行動。我們來看兩個案例：

第一個是我幫某百萬粉絲母嬰平臺寫的抑菌砧板推文。

〈使用技巧：負面場景〉

普通砧板的價格都在五、六十元，但用一年就刀痕累累了，那麼多的刀痕裡藏著數不清的細菌，發黴、發黑還有異味，影響煮飯的心情不說，孩子還容易得細菌性腹瀉，只能換了。一年換一塊也要一百五十元，但還不好用。當媽的都有體會，孩子一旦細菌感染，上吐下瀉好幾天，比別人都矮了一截，自己也跟著吃不好、睡不好。

我用的就是負面場景：寶寶細菌性腹瀉，不好好吃飯，上吐下瀉，個頭比鄰家孩子矮，自己吃不好、睡不好。這些場景都是目標顧客害怕出現的，讓他覺得：如果不買這個抑菌砧板，將要付出更大的成本。為了避免這一系列的痛苦，他就會馬上下單。

第二個是香水的案例。

〈使用技巧：理想場景〉

日常通勤、週末約會、出席正式場合，你都可以噴上香遇香水（按：中國香水品牌），精緻而低調，得體也大方。想像若是你自帶清香，不止能讓自己心情愉悅，也能在拂袖而過時，引得旁人回首注目，甚至讓另一半心動不止。

一個女人的魅力，就是這樣因為香水而更加高級。

這裡就用了理想場景的技巧。試想一下，哪個女人不想讓自己變得精緻、有魅力呢？《吸金廣告》（*Ca$hvertising*，德魯．埃里克．惠特曼〔Drew Eric Whitman〕）這本書在講到人類八大生命原力時，就有增加個人魅力、獲得社會認同。所以，當顧客一想到「上班、約會都能獲得別人的關注，讓另一半更心動」，想要的欲望就會更強烈，甚至讓她忽略損失金錢的痛苦，忍不住購買。所以在使用「理想場景」時，你一定要找到目標顧客心中最渴望的場景。只有這樣，才能激發顧客更強烈的欲望，快速成交。

第二種方法：價格錨定。

先來看下頁圖4，然後回答我，圖中兩個位於中間的笑臉哪個大。

圖 4　視覺對比

我問了很多人，八成答案都是：左邊笑臉顯得大，右邊顯得小。但真相是：這兩個笑臉是完全一樣大的。為什麼會出現這種視覺差異呢？因為參照物不同。

其實，人們對價格的感知也是一樣。當你先告訴顧客一個已知商品的高價格，再告訴產品的低價格，顧客就會覺得便宜。這個判斷體系，就是行銷中有名的價格錨定。

我們來看兩個案例：

第一個是我為某品牌黃酒寫的文案，這款黃酒一瓶一百二十八元，相比其他品牌，還是很貴的。怎樣讓顧客接受呢？我就用到了價格錨定。具體是這樣寫的：

〈使用技巧：價格錨定〉

很多人會覺得黃酒帶著濃濃的土氣，上不了檯面。事實上，它早已是國家名片。就連長壽國日本的清酒，也是借鏡了它。但比起那些舶來品動輒三、四百元的高價來說，某品牌的原漿釀酒，可以說是非常實惠了，每天一杯讓你養出好氣色、好身體！

我先指出，日本清酒也是借鏡了它，目的是塑造產品價值。而比起日本清酒三、四百元的高價格，一百二十八元就顯得非常便宜了。

第二個是我為某艾灸儀寫的文案。一臺艾灸儀要一千多元，怎樣說服顧客付款？

對於很多人來說，時間被生活、工作填滿了，很難有精力和耐心在家點上艾柱、做艾灸。去美容院呢？二線以上城市美容院艾灸的價格在一百到三百元不等，但艾灸一、兩次是看不到明顯效果的，而一個療程的價格普遍在千元以上。有了某品牌艾灸儀，每天灸一灸，再也不用心疼錢了。

這裡我參照的是一次艾灸的費用，讓顧客覺得去外面做，一個療程就一千多元，還不如自己買一臺。

需要注意的是：這裡我假設的是二線城市的價格，為什麼要限定？因為不同地區消費水準不同，如果你只說「外面做一次要三百元」，其它縣市的顧客就不信，他會說：「我家樓下才〇〇元呀！」覺得你在欺騙他，當然也不會買單。所以在用價格錨定時，你拋出的高價格不能隨便亂說，一定要有依據。

第三種方法：正當消費理由。

紙尿褲就是靠正當消費理由快速獲得媽媽青睞的。紙尿褲剛上市時，主打方便省事，但銷售慘澹，因為很多人會認為用紙尿褲是懶惰的表現。

當把消費理由改成柔軟透氣，預防寶寶紅屁屁，就非常火爆。這就給媽媽一個非常棒的理由：「我買紙尿庫不是為了偷懶，而是為了孩子好。」

其實，顧客在花錢時，內心會充滿罪惡感，尤其是買高檔3C產品、保健品以及掃地機器人等方便型產品時。他會想：會不會太奢侈、太浪費，沒必要買這麼貴的？

如果你不打消他這種顧慮，他就可能放棄購買。正確的方法是給他一個正當消費理由，消除他內心的罪惡感，促使他馬上下單。

我在給某書法課寫文案時，就用到這個方法。內容如下：

〈使用技巧：給正當理由〉

人生的道路雖然很長，但最關鍵的只有那麼幾步。給孩子最好的禮物，不是昂貴的玩具，也不是錦衣玉食，而是在成長的路上，讓他學會自信和堅持。

而書法就有這樣的魔力，不僅可以讓你培養出一個能寫一手好字的自信寶寶，還能讓你看到他每一點成長和進步，關於堅持、關於耐心、關於審美。

這就讓父母覺得花錢不是浪費，而是為了培養孩子堅持、耐心、審美、自信等優良品質，就更容易付款。

偷換「心理帳戶」：把喝咖啡、吃肯德基變秒下你的單

第四種方法：算帳。

顧客在做出購買決策時，都會在心裡算一筆帳，盤算這筆交易的成本和收益，看是否划算。只有當收益大於成本時，他才會掏錢購買。

聰明的賣貨文案深知顧客的這種心理，就會把這筆帳給顧客算清楚、擺出來，省掉顧客絞

盡腦汁比對的麻煩，也更容易快速成交。算帳的方法有兩種：

● **價格平分法**。就是用價格除以產品的使用天數，算出一天要花多少錢。一天的花費與整體收益相比，顧客就會覺得收益大於成本，一般用於耐用型、學習型產品。

比如榨汁杯：外面一杯鮮榨果汁要一、二十元，喝起來有點心疼！風靡美國的榨汁杯，日常價兩百九十九元，限時粉絲特惠價一百九十九元。

正常情況下，用個兩、三年沒有問題，平均每天也就一些錢，一個夏天省回來的錢又可以買一隻口紅了！簡直太划算了！

● **成本算帳法**。就是把產品正常的成本算出來，讓顧客接受產品價格的合理性。

第五種方法：偷換用戶的心理帳戶。

「心理帳戶」（Mental Accounting）是二〇一七年諾貝爾經濟學獎得主理查．塞勒（Richard H. Thaler）提出的，是指人們會將不同來源、不同用途的錢放進不同的心理帳戶中。不同的心理帳戶，願意花錢的難易程度也是不一樣的。

比如，人們會把辛苦賺來的工資和意外獲得的橫財放入不同的帳戶中。很少有人會拿自己辛苦賺來的十萬元去賭博，但如果是中彩票的十萬元呢？拿去賭的可能性就大多了。

舉個例子，孩子舞蹈課：現在活動是一百五十九元／六節課，也就一頓麥當勞的價格。如果孩子不喜歡，也沒什麼損失。如果孩子喜歡，就拓展一項孩子的興趣，將來也會更有競爭力。

這裡就讓顧客從吃麥當勞的「心理帳戶」中，取出一百五十九元用於給孩子買課程，願意花錢的程度就容易了。

因為顧客會覺得：同樣投資一百多元，吃麥當勞的結果就是增加幾千大卡的熱量，而報舞蹈課可以讓孩子更有競爭力，得到的收益更大一些，也更容易採取行動。

一句話就是：**讓顧客從喝咖啡、吃肯德基、在外吃飯、買零食等不重要的心理帳戶中取出一部分錢**，用於更有意義的事情，降低顧客花錢的難度。

對的贈品，把欲望推向高潮

第六種方法：買贈送禮。

你有沒有這樣的經歷：原本不打算買，但看到贈品很心動就下單了？

在顧客購買決策過程中，當你把他的心理欲望推向頂點，他就會在心裡衡量、對比成本和收益。如果這個時候有超值的贈品策略，就可以把人們的欲望再一次推向高潮。

行銷專家做過統計：**一個成功的贈品，可以提升三〇%至二三〇%的成交率**。而其中的關鍵不是贈品，而是送什麼贈品。選擇贈品時，要注意以下三個要點：

- **贈品要能給顧客渴望的場景添彩。**

要讓顧客快速購買，就要不斷去強化他的欲望。顧客的欲望就是擁有產品的美好場景，所以你的贈品一定要能給這個場景添彩，這也是選擇贈品的核心要點。

如果你送的是不相關的其他產品，不但刺激不了顧客的欲望，很多人內心當中可能還會產生許多疑問。比如「你免費送贈品，代表你的利潤很高啊！」甚至會懷疑產品的價值，讓他從購買狀態中脫離出來。

比如你賣煎鍋，就可以送護鍋鏟、食譜，這些都能讓顧客在家做美食的時候更方便、更快捷。但如果你要送筷子、碗，這種欲望就不如前者了。

- **贈品要是顧客急迫需要的、經常使用的，或者對他有比較大的幫助**。如果感覺送的贈品很雞肋，那麼他就不會為之所動。

比如，你賣課程就可以贈送各種範本、案例集、圖示、素材庫等。透過這些範本和案例，可以讓顧客快速創作出一些不錯的作品，甚至還能幫顧客在日常工作任務中應急。

- **要像對待正品一樣，去塑造贈品的價值**。

很多人送贈品都很隨意，有時候只是簡單寫上送什麼。消費者看不到贈品什麼樣，也不知道贈品能給他們帶來什麼好處，這樣送贈品就失去了意義。

正確的方法是：你要給贈品拍高級、大氣、有檔次的照片，還要塑造贈品的價值，為贈品找到價格參照錨點，讓顧客對你的贈品欲罷不能。

然後，你再告訴他：「現在購買，贈品就免費送給你。」他就會立馬下單。

比如，準備贈送一臺麵包機，如果你說：「這臺麵包機的原價是九百八十元，媲美高級麵包機。」客戶一定會非常心動。

POINT

爆款文案

- 六種快速引導顧客成交的方法，分別是場景法、價格錨定、正當消費理由、算帳、偷換用戶的心理帳戶、買贈送禮。
- 其中，場景法包含負面場景和理想場景兩種用法，算帳包含價格平分法和成本算帳法兩種用法。你可以根據情況，選擇不同的方法進行組合。

5 你要講人話，但不是講白話

文案要怎麼講人話？

文案的本質是溝通，既然是人與人溝通，就要從「看文案的人」開始說。要考慮螢幕前的顧客能否完全理解、聽懂，而不能歸為一堆生硬的產品說明。這就是我們常說的「講人話」。

什麼算是講人話？我們來看一組案例。

〈使用技巧：講人話〉

乾酪乳桿菌、植物乳桿菌 p-8、雙歧桿菌。
安全、科學、有效，能活著抵達人體腸道的功能性菌。
改善腸道環境，提高自身免疫力，讓整個人的腸道保持一種年輕狀態。

七天保鮮期，純粹不添加。只有優質的牛奶和有益的菌，每一口優酪乳都是原本的味道。

從沒見過這麼厲害的益生菌，上來就是一千億，簡直是益生菌裡的「土豪」（按：指有錢人）。

要知道國家（中國）標準才一億，而市面益生菌高也才一百億，它直接三級跳，簡直秒殺。

一杯一百二十克，含七千九百億以上益生菌。喝這一杯，堪比喝別的一、兩盒。難怪自從我喝了幾週，都忘了脹氣、胃酸的感覺，整個人都活力滿滿。

案例一是官方介紹和產品說明中經常見到的，但看完沒感覺，也記不住。而案例二看完內心就會蠢蠢欲動，甚至想買來試一試。

但平時經常有學員諮詢時會說：兔媽，講人話不就是把官方介紹翻譯成「大白話」嗎？其實，這是個誤解。

為什麼這樣說呢？

比如，「極致享受，顛覆體驗」，翻譯成大白話就是「這個沙發很舒服」；「讓你的肌膚煥發生機」，翻譯成大白話就是「這款面膜效果很明顯」。這的確是人話，但非常無聊。

所以，**講人話必須堅持兩個原則：第一，有趣；第二，有價值**。

如何寫出有趣、有價值的「人話」文案呢？

我總結了以下五個技巧。

講人話的第一個技巧，製造反差。有趣的人往往能指出生活中的矛盾現象，引發目標顧客的好奇。下面這兩個案例就用了製造反差。

〈使用技巧：製造反差〉

你身邊有沒有這種人？

明明火鍋、宵夜一起吃，眼看小肚腩日漸凸起，肥肉越積越多，可恨的是她卻絲毫沒變腫，依然苗條如初！比如這對，你能看出她們是雙胞胎姐妹嗎？吃同樣的食物長大，一個很胖，一個卻很苗條。

> 別看它小小一顆，加入了抗氧化之王蝦紅素（Astaxanthin）成分，並用全封閉的「果凍狀」包材，牢牢鎖住滿滿活的蝦紅素。熬夜後塗一顆，醒來就能看到臉上的白嫩透亮，堪稱一顆「裝滿八小時睡眠」的果凍狀保養品。

第一個是：同樣吃，你小肚子凸起，別人苗條如初，讓顧客內心產生疑問——「為什麼」。第二個是：小身材、大能量的反差，同時讓顧客產生「怎樣做到的」好奇。

講人話的第二個技巧是與顧客站在同一陣線。

透過「與顧客站在同一陣線」來表明態度、明確反對某種現象，比如其他商家偷工減料等，只追求利潤，根本不管對顧客好不好，進而消除顧客對你的戒備。

〈使用技巧：與顧客站在同一陣線〉

> 現在如果你想買一隻泰國原產的天然乳膠枕，實在太難了，全是坑！
>
> 首先，你辛苦查攻略去買的爆款，大概是旅遊公司操作的牌子，專門賣給遊客的。真相是誰利潤高就賣誰的，一隻七百多元的枕頭，導遊要抽三百多元……買到泰國

本地貼牌的還算運氣好的，八五％的乳膠枕都是國內（中國）生產的。

不是說國內生產的就不好，問題主要出在乳膠原液上。從泰國進口的乳汁，運到國內要半個多月，必須添加大量氨水保持乳膠的穩定性，安全性你懂的。

乳膠枕防螨抗菌的功效，呵呵，如果不是正規泰國大廠生產的，當故事聽聽就好。乳汁從樹上採集下來，三小時內必須運到工廠，二十四小時內必須進入生產環節，否則乳膠蛋白酶失效，還靠什麼防螨抗菌！

如果直接告訴你，他們的乳膠枕是泰國原產、品質有保證，別家品牌是黑心廠家，文案就會顯得很生硬。但主動與顧客站到同一陣線，告訴顧客不知道的真相，最後來一句「安全性你懂的」，**就像和朋友聊天一樣，進而影響顧客決策**。

所以，你的文案要用顧客生活中喜歡的風格和方式去說，也就是對什麼樣的人說什麼樣的話。

講人話的第三個技巧是替顧客著想。

會聊天的人，更多是關注「你」，而不是「我」，畢竟每個人都喜歡和自己有關的、對自己有利的資訊。不要自以為是的強調自己投入多少資金、多少人力物力，而是要從顧客角度出發，替他著想。

比如一款衛生棉，如果是普通文案，可能會說：「它的包裝膜是和蘋果手機一樣的」，但顧客聽起來無感，頂多覺得品質好點。但它告訴你軟的容易破，硬的怕傷到手，用蘋果這款雖然貴，但密封性好，放一整年都不怕灰塵和細菌進去，顧客會覺得好貼心。

〈使用技巧：替顧客著想〉

衛生棉

我最想吐槽的，應該是改版包裝膜那次，改了不下十次，每一版老闆都能找到瑕疵。

真懷疑他是處女座。軟的膜，他說太軟趴趴了，用戶從包裝袋拿出來，隨便一搓就破了……硬一點的膜，他又覺得觸感差，說一看就是工業包裝，不高級，顏色要亮，看著才舒服……。可能老闆都要五彩斑斕的黑、堅如磐石的柔軟。

最後他直接點名，要用蘋果手機包裝盒的膜，不單是成本高了，如果用蘋果的膜，每一盒衛生棉都得手工塑膜……實在拗不過他。

不過，貴是貴了點，那個膜確實很軟、很柔韌，也就是現在我們用的這款，密封性非常好。只要沒有剪開包裝膜，放一整年都不會有灰塵和細菌進去。特別是敏感體質的女孩，受不了一點點不衛生。

講人話的第四個技巧是替顧客表達。

只要能夠一針見血的說出顧客想說的話，就能引起他的共鳴，比如下面這兩個案例。

〈使用技巧：替顧客表達〉

卸妝

只塗防晒、素顏霜，不用卸妝吧？

說到卸妝，不少女性總有些認知：「只塗防晒隔離霜，還要卸妝嗎？」、「塗層ＢＢ霜，偶爾不卸也沒關係吧？」、「卸妝真的太麻煩了，用洗面乳洗兩遍就不用卸了吧？」、「卸妝油用完，總感覺洗不乾淨！」

泡腳

可能很多朋友都嘗試過在家泡腳，卻沒有明顯的效果，這是為什麼呢？

原因很簡單：泡腳養生減肥的關鍵，在於你「用什麼」泡腳。

「只塗防晒隔離霜，還要卸妝嗎？」、「用洗面乳洗兩遍就不用卸了吧？」、「為什麼我泡腳沒效果呢？」直接替顧客表達了內心的困惑和疑問，這就會讓顧客產生一種「你好懂我」的感覺，進而引發他的興趣，繼續閱讀尋找答案。

所以在寫文案時，你就要多問問顧客有哪些想說，但是沒說出來或不好意思說出來的話，能否在文案中主動幫他說出來。

〈使用技巧：多用修辭〉

講人話的第五個技巧是多用修辭。

恰到好處的修辭，能讓複雜的道理和原理變得簡單易懂，下面給大家看三個優秀案例。

> **美白面膜**
>
> 對成分有研究的女性對它應該不陌生，很多大牌的美白護膚品中都有熊果素的身影，它溫和安全，美白實力也毫不遜色。
>
> 打個比方，熊果素就像特務，能夠輕易進入皮膚，破壞黑色素細胞，還能使黑色素細胞長期休眠。就連天生的黑黃皮，熊果素也有一千零一種方法讓你白起來。

抗氧化精華

舉個例子：切開的蘋果變黃、變黑，大家都經歷過吧？這是因為蘋果暴露在空氣中被氧化了。用了很多美白精華都沒效果，你可能不是臉黑，而是臉被氧化了。

醜橘

我的確是挺醜的。表面凹凸不平，不如橘子紅豔，沒有香橙鮮黃，渾身皺巴巴。說多了都是淚……但我不是一般的「醜橘」，我是在日本培育了超過四十年，幾十代擇優而生的新品種。父親是清見柑橘，媽媽是椪柑。無與倫比的爆爽口感外，還身兼有橘子的酸甜和椪柑的清香。

這三個案例分別用到了這幾種修辭：比喻，把美白成分比喻成特務。類比，透過切開蘋果的類比，讓顧客理解皮膚也要抗氧化。擬人，俏皮詼諧，吸引注意。具體你可以根據不同的產品類型，選擇合適的修辭方法。

文案配圖：對比、帶人物、小標題

配圖自檢有四個要點：

1. 圖片版權。

很多人往往是覺得某個圖不錯，就拿來用了。其實，這可能會有版權問題。我身邊很多商家和新媒體作者因為圖片版權被投訴、罰款的屢見不鮮，所以一定要有這個意識。

大家可以去一些免費圖片網站尋找合適的圖片。

當然，如果條件允許，最好是建立自己的圖片庫。

2. 圖片要能夠確實傳達你的銷售賣點。

作者、美國資深新聞人吉兒．艾布蘭森（Jill Abramson）說：「圖片只有在跟廣告傳達的資訊存在明顯聯繫時，才是有效的。然而，很多人用的是展示產品包裝的圖片，讓人看了沒感覺。」

那麼，什麼樣的圖才是有效的呢？拿南孚口紅（按：口紅造型的行動電源）來說，它的獨特賣點是小，它的配圖不是簡單標注產品的長寬高，而是放上與口紅的對比圖。看完立馬就能知道它到底多小。凸顯了產品的核心賣點，它就是有效的。

另外一種有效的圖片就是：**帶人物的場景圖**。

圖 5　圖文並茂

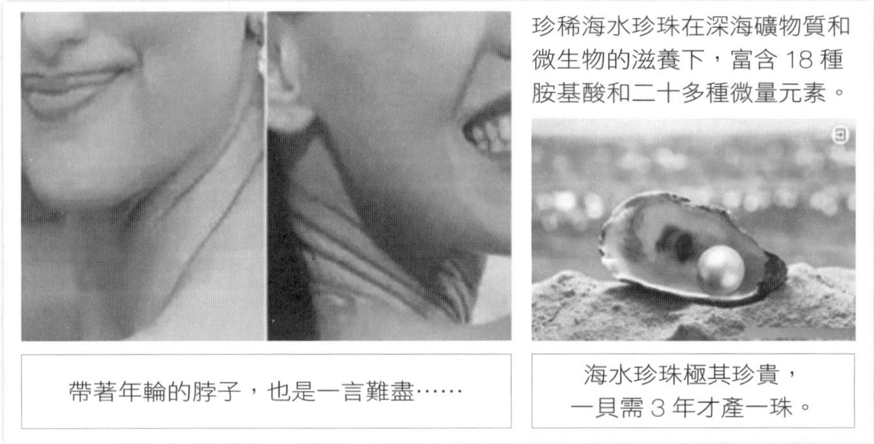
珍稀海水珍珠在深海礦物質和微生物的滋養下，富含 18 種胺基酸和二十多種微量元素。
帶著年輪的脖子，也是一言難盡……
海水珍珠極其珍貴，
一貝需 3 年才產一珠。

斯塔奇調查公司發現：把產品照片放到廣告裡，能多吸引一三%的讀者。而有人正在使用產品的照片，能多吸引二五%的讀者。為什麼？因為使用產品的照片展示了產品和效果，更勾起了讀者的想像，讓他聯想到自己。

所以，要多用帶人物的場景圖。賣煎鍋不要用煎鍋的圖，而要用孩子吃著用煎鍋做出來的香噴噴大餐的圖。

3. 在圖片下面放一個小標題，簡短的銷售資訊可引起消費者的興趣。如圖 5 所示。

4. 無須放大，就要讓讀者看清圖片上的關鍵資訊。

很多人配的顧客好評圖都是像下頁圖 6-a，要放大才能看清，閱讀體驗很不好。絕大多數顧客是不會放大看的，圖就沒意義了。正確的做法是像圖 6-b 這樣的，無須放大就一目了然。

圖 6　如何配圖

a. 錯誤配圖

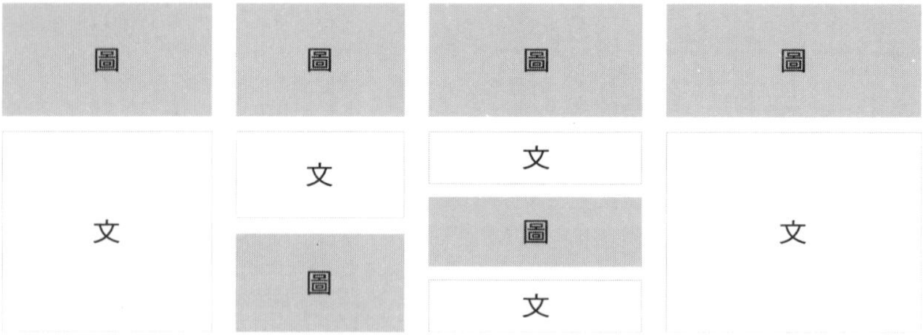

b. 正確配圖

新店蔡依林

真的很好用，貼上去眼部感覺慢慢在緊緻，之前煩人的眼下細紋，敷了兩片面膜後真的沒有了！這比眼霜不知道好用多少倍啊！

效果明顯

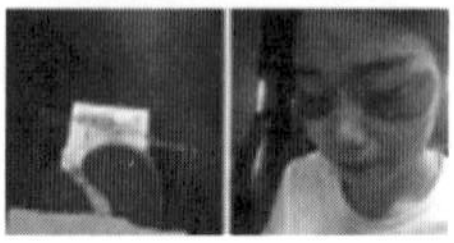

煩人的眼下細紋沒有了！
比眼霜好用！

2021-07-13 13：44　　264

YUNA

精華全在厚厚的面膜裡，不用擔心液體到處流，剛敷上就有緊緻的感覺。最近眼睛又浮腫得厲害，趕緊敷了兩片！

去水腫

2021-07-13 12:00　　218

POINT

爆款文案

● 文案講人話的五個技巧：第一，製造反差。第二、與顧客站在同一陣線。第三，替顧客著想。第四，替顧客表達。第五，多用修辭。

第 3 章

實際操盤四步驟，小編也能創造十萬 +

1 引爆痛點，閱讀量增十倍

二〇一八年九月剛入秋，我因感冒誘發了慢性鼻炎，鼻塞頭疼睡不著，白天腦袋一團亂，沒辦法寫稿。我老公的過敏性鼻炎也發作了，半夜我倆一遍遍擦鼻涕，非常慘。我就發了訊息給朋友，結果，合作方，也就是有贊商城（按：開店的聚集平臺）的楊小強看到了，就帶兩支鼻噴劑給我用，說效果非常好。我用了不到一週，鼻塞就好了，老公的過敏性鼻炎也控制住了，我留言感謝他。

他說，只要是用過的人都說好、回購率很高，但首次購買卻一直上不去，我看了他的推廣文案，發現優化空間很大，就這樣，楊小強委託我重新操盤這個產品。他的說法是：「姐，妳能幫我把第一批貨一萬支賣完，我就謝天謝地了。」而且由於管道層層分銷，純利潤很低，所以我們最後還做了一個決定，把產品價格提升五六％，由原來的八十九元提到一百三十八元。

果不其然，重新上線後真的很火爆，第二次推，第一天就超過了原來一週的銷量。第一批貨一萬支，不到一週就斷貨了。三個月賣破十萬單。ＲＯＩ[11]（Return On Investment，投資報酬率）做到了一比九，也就是客戶投一元，就可以賺回九元！

產品要上線銷售，短短的三天我從哪裡著手準備呢？

當時，我做了三件事：

第一步：分解產品屬性，對比競品，找出差異化賣點。

只有了解了產品的屬性和特點，才知道要突出產品哪個特點。其實，這對應的就是第一章提到的產品測試。

我主要從以下兩方面簡單做了分析。第一是基礎資訊，主要包括鼻噴劑的產地、廠商、氣味、容量、規格等；第二是功能屬性，因為我體驗過它的效果，對它緩解鼻塞、打噴嚏的效果還是非常有信心的。這時，我就要繼續深挖它的效果為什麼這麼好。同時分析市面上的同類產品，找出產品的核心差異點。

第二步：求證顧客痛點，提煉產品超級賣點。

關於痛點有兩方面需要求證，第一個方面就是鼻炎本身的痛苦，也就是鼻炎會有哪些症狀。第二個方面就是在應對鼻炎的過程中，顧客有哪些痛苦遭遇，也就是在使用競品中不好的體驗。

因為我和老公都有鼻炎，所以對鼻炎群體的痛點還是非常了解的。但為了確保揪出最痛的

11　ROI＝年利潤或年均利潤／投資總額×一〇〇％。

那個點，我還是用到了痛點的三個方法和兩個驗證工具。具體大家可以複習一下深挖顧客痛點的章節（按：請參考第四十五頁）。

經初步了解，當時市面上有很多鼻噴劑，但大多都是生理鹽水或深海鹽水之類。這些產品只能實現簡單清洗、消炎的作用，不能從根本上解決鼻炎真菌過敏的問題，這就是產品的核心差異點。但真菌是看不見、摸不著的，顧客理解不了，所以要想辦法把產品的價值量化出來，降低顧客的理解成本。當時，我提煉出的超級賣點是：「噴一噴，舒服一整天」。

第三步：尋找切入點，並根據顧客分析對證據鏈進行排序。

還記得我們講的「熱點×痛點爆單模型」（按：請參考第四十九頁）嗎？找到了痛點，你還要研究當下有什麼熱點或新聞事件，能把這個痛點引爆。

透過百度指數等資料工具分析，每年九月是鼻炎的小爆發期，這就找到了一個**把潛在需求轉化成剛性需求**，**刺激顧客馬上行動**的切入點。同時，根據商家給的材料和自己蒐集的素材，羅列出證據鏈，並根據顧客分析對其做了初步排序：功效佐證→使用體驗→權威意見→用戶案例→研發背景→正品保證。

下面，我帶你一起來拆解一下它的原文。

案例1

短短三天要上線，我如何讓鼻噴劑從滯銷到缺貨？

標題：鼻炎界的「印度藥神」！傳承四百四十年的草本配方，十秒疏通鼻塞，噴一噴，舒服一整天！小孩也能用！

爆款詳情：兩個月銷售額九百萬元。

關鍵字：借勢熱點、認知對比、恐懼訴求、使用場景。

〈技巧一：借勢熱點，數位＋結果量化產品價值〉

好標題，是與顧客溝通的起點，就像相處時你看到對方的第一眼，感不感興趣、有沒有進一步發展下去的可能，在前三秒就決定了。

這個標題有四個亮點值得參考。

第一個點，巧借熱點，抓人眼球。當時電影《我不是藥神》[12]正在熱映，所以標題中我就

12 二〇一八年中國的現實主義題材劇情片。

用這個熱點來吸引眼球，並且凸顯產品的效果好。這裡用到的也是「嘗鮮好奇」的行為驅動因素，讓顧客忍不住一探究竟，到底是什麼呢？

第二個點，用「鼻炎界」這個症狀關鍵字篩選目標顧客。就像我，接到所有廣告都直接丟垃圾桶，但只要是鼻炎的，不管是小卡片還是宣傳單，都要裝到口袋裡回家研究。為什麼？因為鼻炎這個話題是與我相關的。這裡用到的就是「關注和自己有關的」行為驅動因素。

第三個點，「十秒疏通鼻塞，噴一噴，舒服一整天」，用到數位＋結果，讓顧客秒懂產品的好。並且，四百四十年、十秒等**數字**本身也更容易吸引顧客注意。這裡用到的是「**急功近利」的行為驅動因素**。

第四個點，「小孩也能用」用到了賣點認知表達中媲美第一的技巧。把「安全、無添加」的賣點翻譯成顧客秒懂的資訊，凸顯產品的安全性。第二個目的就是，把青少年鼻炎的群體包羅進來。當時透過查詢資料，我發現，中小學生患鼻炎的比例還是很高的。

你發現了嗎？我用到的就是功效養生類標題範本中的「圓滿結局」這部分（見第九十九頁），它的點擊率比平時提升一．四七倍！

所以，這個範本在當時被很多商家和產品模仿，比如腳氣界的「紐西蘭藥神」，還有牙黃、口臭界的「德國藥神」等。我提煉出一個範本（見下頁圖7），你可以直接套用到其他產品上。

給顧客帶來的好處一般可以說：「噴一噴」、「塗一塗」、「抹一抹」、「輕輕一貼」等，凸顯產品使用方便，降低消費者的使用門檻。比如賣面膜，可以寫：面膜界的「黃金戰

圖 7　爆款標題範本

士」，每晚一貼，比用一千元的精華液都白嫩，萬年痘印都沒了。

再如賣暖宮貼，可以寫：痛經界的「中國藥神」，輕輕一貼，五秒發熱恆溫十小時，拯救十年痛經，手腳冰涼也沒了。

〈技巧二：熱點＋痛點故事開場，引發目標顧客共鳴〉

開場原文請參考第四十二頁。

這裡我就用了熱點×痛點爆單模型和故事開場的技巧。

當時對顧客分析得知，入秋是鼻炎的小爆發期，也是當下的季節性熱點！接下來，透過身邊的小故事，描繪出鼻炎人群的三大痛點——鼻塞、流鼻涕、打噴嚏。

注意到了嗎？我沒有直接說鼻塞、流鼻涕、打噴嚏，而是結合具體場景來描述痛點。沒有說「難受得要死」等主觀形容詞，而是寫出顧客群具體的動作和語言「揉鼻子、擤鼻涕」、「腦袋要炸開」，這樣就更容易讓顧客代入，也會覺得更痛苦（詳細分析參第四十九至第五十一頁）。

〈技巧三：認知對比，激發欲望〉

成功激發顧客解決鼻炎的欲望。此時，換位思考顧客的邏輯，他會想什麼呢？就是「鼻炎這麼可怕，我可以用什麼方法解決呢？」所以，接下來我就給他客觀測試各種治療方法的優劣，就是前面提到的「求證用戶痛點」中的第二個方面，使用其他治療方法的過程中會遇到哪些糟糕的體驗，以及有哪些尚未被滿足的需求。

市面上各種治鼻炎方法非常多，鹽水洗鼻、中醫偏方、脫敏療法……到底哪一種安全有效又徹底？小編來給你們科普一下。

一、鹽水洗鼻是最普遍的方式之一，但只能起到清潔作用，對治療並沒有多大意義。至於效果，小編只能說，如果鹽水能解決鼻炎問題，大家早就不用這麼痛苦了！

二、中醫偏方，沒批號、沒說明，每天塗啊、抹啊，味道沖的眼淚都要流下來，誰用誰知道。

三、鼻炎館，一次療程三、四千元，效果怎麼樣先不說，需要兩到三個月，有時太忙，很難持續。

四、脫敏療法，就是口服或注射疫苗。從理論上說效果持久，但免疫治療的疫苗有限，費用還爆貴。

對比一下，最好的緩解鼻炎方式還是鼻腔噴霧殺菌，滋滋滋……一噴，殺掉鼻腔細菌，鼻子立馬通暢。方便、安全又有效！

今天小編要給大家推薦一款好用又不貴的噴霧，它由八種草本植物萃取的活性分子原液製作而成，安全有效、不依賴，大人小孩都能用。

發現了嗎？這裡我沒有盲目打擊競品，而是「與顧客站到同一陣線」講人話，讓他覺得是我真心替他考慮，不但考慮效果、使用體驗，還考慮他的時間、性價比，目的只為幫他選一款好產品。尤其是「誰用誰知道」，就像好朋友聊天一樣，拉近與顧客的距離，快速贏得信任。

接下來，正式引出產品。我沒有直接說最好的就是某某某，而是說最好的還是噴霧，先指出噴霧這個大品類。接下來再過渡到產品，「給你推薦一款好用又不貴的噴霧」，讓顧客覺得測試了很多產品才為他選出來的這一款，而不是急於推銷產品。然後，展示產品的超級賣點和信任狀，給顧客一個你推薦這款產品的理由。

〈技巧四：講事實、擺證據，證明對顧客有益〉

接下來，就要論證產品為什麼是最好的解決方案了。

第一個證據：打造專家人設。

「在說它神奇之前，你一定要知道，鼻炎的源頭是病毒真菌感染！」

我先講解誘發鼻炎的因素有哪些，以及不解決會出現的嚴重後果。發現了嗎？我在打造專業人設。就像醫生看病一樣：第一步，先診斷病情，問你是不是有這些症狀。第二步，告訴你是什麼病，為什麼得病。這樣你就會覺得這個醫生挺專業的，也更容易接受他推薦的治療方案。

並且順勢強調了「鼻炎不解決會導致的嚴重後果」、「鼻竇炎、哮喘、習慣性頭暈頭疼甚至遺傳給下一代」等，激發顧客解決問題的欲望。

第二個證據：競品對比。

「相比於市面上普通的鼻噴劑，它究竟有什麼不同之處呢？」

市面上很多鼻噴劑、滴鼻劑都有叫作「鹽酸萘甲唑啉」（按：又稱鼻眼淨）、「麻黃素[13]」的成分，這是常用的減充血劑，噴上去效果明顯，但很快又反覆，一天要噴十到十五次。

據醫生介紹，減充血劑透過收縮血管緩解鼻塞，但對炎症和真菌起不到抑制作用，而且長期使用（大於八天）容易引發藥物性鼻炎，再用其他方法也沒用。中國最大的互聯網醫療平臺丁香園亦於二〇一五年發布：鼻減充血劑要慎用！

透過與競品的對比，凸顯產品安全的賣點，並且再一次用到「痛點恐懼」。

還記得我在準備工作提到的痛點的兩個方面嗎？

其中之一就是「使用競品的痛苦經歷、對競品安全性的擔憂」。這裡**指出使用競品的後果，並展示出一些負面案例**。我用丁香園的權威報告告訴你：這是有事實依據的，讓顧客主動放棄含敏感成分的鼻噴劑。

緊接著，我透過展示產品的配方，以及身邊朋友和自己的使用體驗，強化產品「安全有效」的賣點！與上面的競品形成鮮明對比，更凸顯產品的好。

接下來，我再一次用「競品對比」的方式和激素類鼻噴劑對比，用到了從網路上蒐集的素材，讓讀者看到用過激素的人是怎麼說的。為什麼呢？當時發現有很多人會代購國外噴霧。

但是你會發現，不管是恐懼訴求還是認知對比，我調動的都是顧客的感性情緒。當顧客蠢

13 具有使鼻黏膜血管收縮的作用，可以緩解鼻黏膜充血造成的鼻塞症狀，但不宜過量使用。

蠢欲動想要下單時，他可能還會猶豫，你的產品就真的像你說的一樣好嗎？

站在顧客的角度，「不信任」幾乎意味著「不買」。所以，我們要構建信任矩陣，讓顧客相信產品真的是安全、有效、可靠的，共有以下六個證據鏈：

- **產品原料和配方背書**。

告訴顧客，我的產品之所以效果好，配方是有權威認證的，原料也都是實實在在的中藥成分，從正面佐證產品安全、有效的賣點，打消顧客的疑慮。

- **研發專家和權威報告**。

我們的專家團隊是醫學博士，而且是研究草本控制鼻炎中的第一名。言外之意就是：天然方法解決鼻炎，我們最專業，並且獲得歐盟ISO二二七一六（按：化妝品的規範標準）及GMP認證（按：《良好作業規範》，醫療器材的法規）。

這裡要注意的是，在《廣告法》裡，**第一名和最專業都屬於極限詞**[14]，所以這裡我說的是「**沒有人比他們更專業**」。就像我們生活中常說的：沒有人比他更怎麼怎麼，來凸顯某個人的特徵。所以，這樣的人話更容易讓顧客秒懂。

- **網路和朋友圈的顧客證言**。

在很多人心目中，網路公眾人物推薦的產品性價比高、品質有保證。所以，這裡是顧客好評＋借勢權威。

- **產品 pH 酸鹼度的事實證明，凸顯產品使用溫和的賣點**。

● **誘惑加強**。

首先，指出鼻子對人體正常功能的重要性。其次，強調清除鼻腔真菌，能減少流感、鼻炎、咽喉炎的發作。我把它叫作誘惑加強。告訴顧客，這支噴霧不但能緩解鼻炎，還能避免流感、咽喉炎發作。為什麼要加這一段呢？因為入秋後流感普遍，霧霾天頻繁，而透過這個點，促使那些鼻炎症狀不嚴重的人也能採取行動。

經過兩輪競品對比和五個證據鏈佐證，**顧客有了興趣，也打消了顧慮**。站在顧客的角度，此刻他會考慮什麼問題呢？就是「我買回去，能給我帶來什麼好處呢？」所以，我**列出了顧客生活中的五個場景**，並給出不同場景下給他帶來的具體好處，幫顧客勾勒出一幅幅場景，讓他覺得這麼多場合都能享受到它帶來的便利和好處，還是買一支吧！

> 感冒鼻塞，拿出來噴一噴，呼吸立馬通暢，頭不暈、不痛，工作效率也提高了。
>
> 睡前噴一噴，夜裡不打噴嚏、不流鼻涕，一家人都能睡好覺，早上起來神清氣爽。至於上班的鼻炎族，無論面試前、見客戶，還是日常開會，提前噴一噴，不怕揉鼻

14 依《中華人民共和國廣告法》，中國修訂新增禁用極限詞，例如與最有關的，最賺、最好等；臺灣在《公平交易法》中也有不得虛偽不實或引人錯誤之表示的規定。

子、擤鼻涕被扣印象分。

經常遭遇二手菸的朋友，也要注意了！資料顯示：二手菸中焦油、苯並芘等有害物含量是主流煙的五倍以上，很容易引發咽炎、呼吸道疾病。每次用它噴一噴，舒緩鼻子、嗓子不適，減少有害物吸入。

在霧霾粉塵嚴重的天氣出門，鼻子常常會乾澀、發癢，有時還嗆得噴嚏連連，用它可以有效緩解鼻子乾澀發癢！

而且PM二．五這種細小顆粒，能逃過鼻纖毛「審查」，導致流感或呼吸道疾病，出門前噴一噴，有效阻隔PM二．五，大大減少鼻炎、流感發作！使用一段時間，你會發現，又躲過了一波流感。

隨著秋季到來，全國多地又要變成霧都，脆弱的鼻子怎麼受得了！所以，在包裡備一支才安心，拿出來噴一噴，只需五秒，瞬間呼吸順暢、鼻子舒適。

「產品何時用、怎麼樣」其實是一個思考題，但**消費者很懶**，所以，**當你偷懶說「隨時隨地，想用就用」**的時候，**偷懶的顧客只能選擇關閉廣告**。

而這些具體的場景就像電影在顧客腦海裡播放，讓潛在顧客感覺生活處處需要它，很多場合都要用它噴一噴，才能睡得好、不影響工作。而且這裡我又用到了另一個熱點就是「霧霾」，因為進入秋季，天氣比較乾燥，霧霾也成了比較高發的社會關注話題。

使用場景這個套路的本質是行銷中常用的「假設成交」。假設顧客已經擁有了這個東西，讓顧客在生活的具體場景中不斷感受它帶來的美妙、方便。如果不買，他就會覺得很糟糕、很不方便，進而刺激下單。而且這些場景也給顧客植入了一個「心錨」，如果他感冒了、遇上了霧霾或辦公室二手菸，就會反射性的想到「要買支鼻噴劑噴一噴」。

- **效果對比＋顧客案例。**

展示出深受鼻炎困擾長達三年的朋友使用一個月後鼻腔黏膜的對比照片，和朋友使用的真實案例，進一步激發顧客的欲望，同時也證實產品是真正有效的，贏得信任。

〈技巧五：正當理由＋價格錨點，成功引導用戶下單〉

這支噴霧一百三十八元，在競品中是偏貴的。所以，我沒有說「現在幾折，有什麼優惠，趕緊搶購吧」，而是用了以下三個下單技巧：

第一，負面場景。

「鼻炎之所以成為大家生活的阻礙，其主要原因就是反覆無常。鼻子癢、打噴嚏……恨不得把鼻子揉爛，嚴重的話，根本沒辦法工作，只能請假看病，薪水被扣了還耽誤工作，看病回來還得加班。去過醫院的人都曉得：真貴！檢查一次至少都要好幾百元。」

先描繪出鼻炎不解決可能會遭受的痛苦，讓顧客覺得現在不重視，付出的代價可能會更大。另外，檢查一次花幾百元，這也做了一次價格錨定，凸顯一百三十八元的鼻噴劑更便宜。

第二，正當消費理由。

「你需要一款安全、有效的鼻炎噴霧，幫你搞定鼻炎煩惱，每晚睡個好覺，白天才能精神煥發的工作，更快達成自己的小目標，不是嗎？對於孩子來說，學業已經很繁重了，更需要一款安全、有效的鼻炎噴劑讓他們鼻子通暢、頭腦清醒，學習效率也更高。」

我推薦顧客買這個產品，不是讓他們亂花錢，而是為了讓他們更好的為事業打拚，讓孩子提高學習效率，從而消除顧客花錢的負罪感，促使其儘快下單！

第三，偷換了顧客心理帳戶。

「也就在外面吃一頓飯的錢，就能讓你遠離鼻炎困擾。和曾經花的冤枉錢比起來，可以說已經是良心價了。朋友們真的沒必要為了省幾塊錢買到含有激素或者無效的產品，你和孩子的健康才是最貴的！」

讓顧客從「在外吃飯」的心理帳戶中取出一百多元用於治療鼻炎，他心理上花錢的難度就降低了，更容易做出購買決策。

第四，買贈誘惑。

「霧霾、汽車廢氣、早晚溫差大……秋冬季正是鼻炎高發期。鼻炎嚴重的朋友建議多買兩瓶，關鍵是趁著活動還能省掉一瓶的錢，恰好一個療程，等到來年春天就不用忍受鼻炎反覆發作的痛苦了。」

為了提升銷售額，要讓顧客多買，所以我告訴他，現在是鼻炎高發期，趁著活動可以多備兩支，這樣明年春季花粉季，鼻炎就不容易發作了。

POINT

爆款文案

- 寫文案前的三步準備工作：①分解產品屬性，對比競品，找出差異化賣點。②求證顧客痛點，提煉產品超級賣點。③尋找切入點，並根據顧客分析對證據鏈進行排序。經過三步梳理，你心裡會有一個清晰的方向，寫起來也更高效。
- 典型的論述文。首先，尋找切入點，戳中顧客的痛點或焦慮。其次，打造專家人設，引出產品。對比競品，激發顧客欲望。接著列出六項證據鏈，獲取顧客信任。最後，四個技巧引導顧客馬上下單。當你掌握要領後，就會發現寫好文案也沒那麼難。

案例 2

低單價洗面乳，靠這招快速抓住眼球

標題：你的臉太髒了！這支「網紅洗面乳」刷爆朋友圈，六十秒讓你徹底愛上洗臉！

爆款詳情：單價七十九元，點擊率提升兩倍，支付轉化率一〇％，熱銷三百萬元。

關鍵字：洗面乳、與讀者對話、打造專家人設、痛點恐懼、競品對比。

我曾接到爆料，在一個賣貨公眾號上，一款洗面乳賣爆了，支付轉化率高達一〇％。

你平時一般買什麼洗面乳？美白的、補水的、水嫩的、抗痘的、去油的等，不管是大牌子還是小牌子，基本上都是主打這些功效，賣得也不慍不火，但這款洗面乳靠一個概念殺出重圍，成為全網熱銷的爆款。本節我將帶你一起深度分析這篇文案有哪些亮點。

〈技巧一：多用「你」＋超級詞語，吸引點擊〉

讀者才不關心你的產品，他只關心自己。如何讓讀者覺得你的內容與他有關？最簡單的辦法就是在文案中加入「你」字，這樣就會讓讀者覺得你是在和他說話。

想像一下這樣的場景：假如朋友正在追劇，你怎麼開口說第一句話，才能把他從電視劇中吸引過來？肯定是和他利益相關的事。

比如：「你媽給你打電話了」、「你臉上有個痘痘」。所以，寫與讀者對話標題的第一步，就是先寫下「你」這個字。

第二步，把要說的話用口語表達一遍。不要「說你臉上有很多垃圾毒素」，而要說「你的臉太髒了」。

第三步，加入超級詞語。這裡就加入了「太」、「刷爆朋友圈」、「徹底愛上」這些容易**煽動情緒的超級詞語，來調動讀者的情緒**。

為了方便讀者的消化和應用，我再舉兩個例子。

- 〈眼霜〉：恭喜你！在二十五歲前，看到這篇最最火紅的眼霜開箱文。
- 〈攝影課〉：他是中國首席攝影，一張照片賣一萬元，願意手把手教你拍照祕笈！

第一句開頭使用「你」；「最火紅」既是煽動情緒的超級詞語，又是口語化的表達。

第二句同樣用「你」字；拍照祕笈也是超級詞語！

另外，「你的臉太髒了」這裡還是痛點恐懼，也就是擊中目標客群的痛點。因為年輕女生最怕臉不乾淨，這是普遍的痛點。

〈技巧二：開場不推銷，先聊生活、聊價值〉

> 日本有位叫村嶋孟的老人，為了做一碗好米飯，堅持了五十年。只要一洗米，他就能分辨出米的好壞，「我這雙手記得那種感覺」。
>
> 再簡單的一蔬一食，都可能是專業人士營役一生、無數次訓練的結果。專心只做好一件事，做到極致。去年夏天，最新出了一款洗面乳，在沒有任何宣傳的情況下，上線兩小時內賣完了三千支。很多人驚呼「以前臉都白洗了」，更有人回饋才用了半瓶，黑頭、粉刺真的減少了，皮膚整個白了很多。

這個開頭非常有文藝風格，讓人覺得很舒服，不覺得是推銷產品，減少心理防備。其實，它是告訴你一個價值觀，並暗示讀者我們的產品也是一款「匠心產品」。

所以，寫文案時，**不要一上來就推產品，也不要不痛不癢的閒聊。正確的做法是開頭先聊生活觀、價值觀**，並且你傳遞的這個價值觀恰好也是產品的獨特之處。

比如，賣食品的不能一上來就說多好吃，可以打出「一天忙碌結束，擠在晚上十一點的捷運裡，胃像被掏空一樣。為夢想奔跑的日子，你有必要吃點好的」。先讓讀者產生共鳴，再引入產品，讀者更容易接受。

當顧客對文案有了好感，接下來就要引出產品，讓顧客產生好奇，並想要繼續了解。這裡直接用了一劑猛藥——**暢銷＋顧客好評**，激起讀者好奇心：這是一款什麼產品竟然這麼受歡迎，進而刺激讀者繼續閱讀，一探究竟。

〈技巧三：製造反差故事，打造專家人設〉

你可能會意外，這支備受女性喜愛的洗面乳，其配方師竟然是個男孩子！

實驗室大部分是女性，配方師 Todd 可以說是個例外。洗面乳研發項目中，研發總監Jenny 指定 Todd 負責這個項目，理由竟是「臉皮夠厚」！

Jenny 說：「從結果來看，讓男配方師做潔面專案，是一個很棒的決定。」

熟悉的護膚品型態，比如洗面乳，女性研發師是會產生鈍感的。畢竟每天都在用啊，好像就那些功效！

男性本身角質層更厚、油脂分泌更多，想要做出一款特別的洗面乳，找男研發師，就沒錯了。有人認為，洗臉就短短一分鐘甚至幾十秒，能有多大效用？

也有人認為，我寧願花多點錢在真正的功效產品上，超市隨便買個便宜的就可以了。如果你也這麼想，就錯了。

在專業研發師眼裡，洗臉沒做好，臉上會越來越油，甚至還會導致堵塞毛孔、長

> 粉刺、爆痘等，後續塗什麼護膚品都吸收不了。

首先，「女性喜歡的洗面乳」，配方師竟是個男孩子，理由是「臉皮夠厚」，這兩個**反差就像一個鉤子**一樣，**勾著讀者想要繼續了解真相**。

然後，從皮膚的生理結構指出配方師身分的合理性，並指出目標客群普遍存在的誤解——「洗臉就短短一分鐘甚至幾十秒，能有多大效用？也有人認為，我寧願花多點錢在真正的功效產品上，超市隨便買個便宜的就可以了。」

緊接著，指出不重視錯誤知識可能導致的皮膚問題——堵塞毛孔、長粉刺、爆痘等，後續塗什麼護膚品都吸收不了。

你發現了嗎？

這就像醫生看病一樣，先指出為什麼這個醫生是比較專業的，然後再指出你的問題，以及問題不解決可能導致的嚴重後果。

透過這步操作，打造主人公在潔面領域的專家人設，顧客也更容易接受他接下來提出的建議和解決方案。

〈技巧四：痛點恐懼＋競品對比，激發讀者購買欲望〉

「晚上忘了洗臉，第二天痘痘、白頭粉刺都出來了。」

「洗完還是滑滑的，總感覺洗不乾淨。」

「用完一瓶洗面乳，竟然成了敏感肌……。」

醫院皮膚科醫生，一般只會給你開三種護膚品：潔面、面膜、功效乳膏。清潔是基礎，面膜幫助急救，乳霜最後修復。作為護膚第一步，潔面這件看似簡單的小事，在專業人士眼裡，其實是很重要的。因為九〇%皮膚問題，都是源自清潔不當。

然而，市面上不少標榜超強清潔的洗面乳，用著就像在「刷盤子」，清潔過度還會慘變紅血絲、敏感肌。而溫和的洗面乳，洗完總有洗不乾淨的感覺，殘留反而會長粉刺、爆痘。

經過與團隊成員的反覆討論，Todd 決定做胺基酸配方。只有胺基酸配方，才能做到清潔和溫和的平衡。為了找到合適的胺基酸配方，光是市場調查研究，實驗室就花了五個月的時間。經過長達八百天的研發後，才有了這支胺基酸溫和潔淨洗面乳。

研發開始之前，Todd 花了上萬元，買下暢銷的百餘款洗面乳，便宜到二十元的超市開架品，貴到六百元的大牌洗面乳。

前後花了兩個月試用，Todd 笑稱：「現在一擠到手上，就知道是不是好洗面乳

> 了。以前對潔面的要求不高，覺得洗得乾淨就好，膚感倒是其次。」
>
> 對比之後才知道，越貴的洗面乳真的越好用，清潔力和使用感都有區別。所以，做一款溫和清潔的胺基酸洗面乳還不夠，實用和清潔力應該要兼備。

這裡先指出顧客普遍的痛點，比如長閉鎖性粉刺、洗不乾淨、敏感肌等。需要注意的是，這些問題在目標顧客中都非常普遍，甚至吃頓火鍋都會爆痘，但讀者不會想那麼多，會覺得就是自己的洗面乳沒選好。

但是不是選清潔力強的洗面乳就行了呢？緊接著，就透過競品對比，指出市面上標榜超強清潔的產品就像刷盤子，會導致紅血絲、敏感肌。溫和的洗面乳又洗不乾淨。

當顧客正在糾結怎麼辦的時候，給出新的解決方案——胺基酸配方，做到清潔和溫和的平衡，刺激顧客的購買欲望。

而且在介紹產品時，文案不是簡單的說「清潔和溫和平衡」，而是透過費時費力——花五個月做市場調查研究，八百天研發，花了上萬元、兩個月去測試，透過描述產品研發的過程，讓顧客覺得產品值得信賴，並且呼應開頭的把洗臉這件小事做到極致的匠人精神。

這給我們的啟發是，當你**要凸顯產品某個賣點時，不能直接喊出來，而要先指出競品的缺點，再指出自己產品的優點**，這樣就會顯得產品格外好。這也是**競品對比的核心邏輯**。

需要注意的是，在與競品對比時，要把握好力道，不能盲目打擊競品，而是要客觀、有理有據，而且一定是泛指某類產品，不能指名道姓。否則，會讓顧客感覺你的評價不客觀，會很反感，也不會購買你推薦的產品。

比如賣老人鞋，就可以寫出以下內容。

先指出競品缺點：隨著年齡的增長，腳底會變平、腳趾變彎、腳背浮腫變厚，但大多數鞋子太講究設計和美感，定型做得太好，總有點磨腳不舒服。在店裡試穿的時候還沒明顯感覺，但老人平時買菜、運動、接送孩子，這些都需要長時間走路，腳就會特別累，不小心還容易滑倒摔跤。

再寫出產品優點：按照老年人的腳型特徵和走路習慣設計，特別加入緩震功能，穿上特別輕便舒服，持續走兩小時也不會累。而且針對防滑做了大量細節，就算是走到灑了洗碗精的路上也不會滑倒摔跤。

這樣是不是就覺得你推薦的老人鞋更好，進而提升顧客的購買欲望（見下頁圖8）。

圖 8　競品對比範本

競品缺點　例如：鞋子。定型太好。

＋

給顧客的痛苦　腳容易累、滑到、摔跤。

＋

自家產品的優點　根據老人腳型和走路習慣設計。

＋

給顧客帶來的利益　走路不容易累、不易摔跤。

POINT

爆款文案

- 與顧客對話。「你」＋口語化表達＋超級詞語。這個不但能用到標題中，也可以用到文案開頭。
- 打造專家人設。可以透過指出顧客存在的錯誤認知，以及誤解可能出現的結果，凸顯你在某個領域是專業的，進而讓顧客更容易接受你推薦的方案。
- 痛點恐懼：生活中經常發生的痛苦場景＋嚴重後果。
- 競品對比＝競品缺點＋給顧客的痛苦＋自家產品的優點＋給顧客帶來的利益。

案例3

一晚一萬單！一條毛巾，竟讓顧客非買不可？

標題：比純棉毛巾好用十倍，不掉毛又殺菌，五秒吸乾〇．五公斤水！

爆款詳情：賣出一．四萬多單，銷售額六十八．六多萬元。

關鍵字：挖掘賣點、USP理論、標題範本、證明賣點利益、試用體驗、事實證明。

在行銷中，有一個著名的「USP理論」（按：Unique Selling Proposition，簡稱USP；由美國廣告大師羅塞．瑞夫斯〔Rosser Reeves〕首創），這個理論的核心是：要向消費者說明產品「獨特的銷售主張」。也只有透過這種方式，在琳琅滿目的品牌中，顧客才會毫不猶豫的選擇這款產品。

USP理論有三個特點。

第一，必須包含特定的商品效用，即每個廣告都要對消費者提出一個購買理由，給予消費者一個明確的利益承諾。

第二，必須是唯一的、獨特的，是其他同類競爭產品不具有或沒有宣傳過的理由。

第三，必須有利於促進銷售，即這一購買理由一定要是強有力的，能吸引來數以百萬計的大眾。

這三點就是讓顧客掏錢的理由，也只有做到這三點，才能把產品賣出去。

在一個賣貨公眾號上，有一款毛巾賣爆了。上線後賣出一．四萬多單，銷售額六十八．六多萬元。

說起毛巾，大家都不陌生，超市各種大小品牌的毛巾很多，除了主打品質的大廠牌等，還有現在流行的純棉毛巾來瓜分市場。像這種低價、消耗品的生活日常用品，人們一般都習慣在超市購買。所以，想要開發一個線上新品牌，並不是一件容易的事。但這款毛巾卻成績不凡，我研究了完整文案，發現它就把USP理論實踐到了極致。本節，我們一起來深度拆解這篇文案。

〈技巧一：區隔傳統競品，凸顯獨特價值〉

這個標題很精煉，但每個字都說到了點上。我們先思考一下：買毛巾時，人們最看重的是什麼？就拿我自己來說，買毛巾必須考量兩個方面：不掉毛、吸水性好。這個標題兩點都滿足了，但問題是這兩點也是很多純棉毛巾都能滿足的訴求。怎麼辦？

根據USP理論，想要贏得顧客的青睞，必須找到一個獨特的價值，所以這裡又給出了產品的獨特價值訴求「殺菌」。同樣吸水、不掉毛，這款毛巾還能殺菌。如果是你，你會選哪個呢？答案是顯而易見的。所以，就會忍不住點進去一看究竟。

它是如何凸顯產品獨特價值的呢？答案就是與傳統純棉毛巾對比，因為**人們對價值的認知**

圖 9　凸顯產品獨特價值

都是對比出來的。而且人們對對比的資訊天生敏感，所以這樣的標題可以更吸引讀者的注意力。另外，「五秒吸乾〇．五公斤水」，透過數字＋結果，把毛巾吸水性好的賣點利益量化的表達出來。

這個範本你可以存起來，在沒有靈感的時候直接套用。另外，需要特別提醒的是，後面具體的「五秒」這樣的數字，一定要經實驗驗證，而不能隨便編寫。否則，可能有廣告不實的疑慮。舉個例子：

> 比喝一百碗人參湯還管用！一袋喝飽，失眠、脫髮、黑眼圈，男女都有救！

這個標題的關鍵是找到合適的對標物件。比如純棉毛巾、人參湯。這個對照物件有兩個標準：首先，要是目標客群熟悉的，而且在解決目標顧客痛點時常用的。比如，女性治痛經首選的是紅糖，如果你賣的是暖宮腰帶，就可以說「比喝一百杯紅糖水還管用」。其次，對照的物件一定要泛指，不能特指，比如可以說紅糖，但不能說某某牌紅糖。

另外，一定要體現出產品的獨特、差異化的、可量化的價值利益點。

〈技巧二：快速診斷痛點，鎖定目標客群〉

毛巾是日常生活中使用很頻繁的物品。早上洗臉，晚上洗澡、擦頭髮，還要擦汗、擦嘴，要跟肌膚「親密接觸」。而大部分人都覺得「不就是一塊布嗎？能擦乾就行！」但事實上，這塊布遠比你的衣褲還重要百倍。

《人民日報》最近出了一期毛巾的專題報導稱：大部分毛巾都含有金黃色葡萄球菌、白色念珠菌、大腸桿菌等。有時候洗乾淨臉了，卻會有輕微的瘙癢，有可能就是毛巾上的細菌引起的。毛巾上的細菌直接鑽進你的皮膚毛囊內，眼霜、精華、面膜、乳液全都白用了，皮膚越來越差，想想都覺得可怕！不是開玩笑，更嚴重的會讓臉上和背部不斷長痘、毛孔變得粗大，頭皮屑增多。

據中國疾病預防控制中心報導，因蟎蟲造成的哮喘和過敏性鼻炎的比例高達九一．六%！

這是**典型的賣貨文案開頭**，沒有廢話、不拐彎，直接切入產品相關的主題。但它沒有恐嚇，也沒有赤裸裸的推銷產品，而是先和讀者聊「毛巾是日常生活中使用很頻繁的物品」，把讀者的注意力聚焦到毛巾這個話題上。

這時，很多讀者可能就會想「不就是一塊布嗎？能擦乾就行！」所以小編就非常聰明的把這個疑慮和問題替讀者表達了出來，這樣的好處是可以引發讀者共鳴。

緊接著，給出結論「這塊布遠比你的衣褲還重要百倍」，引發讀者的好奇心，進而跟著小編的思路繼續閱讀原文。

這裡的痛點也戳得恰到好處。它沒有像其他賣毛巾的品牌說「會致癌」等，而是**先指出目標顧客生活中普遍發生的痛點**「有時候洗乾淨臉了，卻會有輕微的瘙癢」，再給出選錯毛巾的嚴重後果，就是「眼霜、精華、面膜、乳液全都白用了」，甚至「長痘、毛孔變得粗大，頭皮屑增多」等，進而激發顧客尋找解決方法的欲望。

〈技巧三：講事實、擺證據，證明產品賣點利益〉

當顧客意識到現在的問題想要解決時，他還會想：「為什麼要選你推薦的這款？你推薦的毛巾就一定好嗎？」所以你要給顧客一個理由——為什麼要選擇你推薦的毛巾，並且還要用證據證明你說的都是真的，進而讓顧客相信你推薦的產品能幫他解決這個痛點。只有這樣，他才會付款下單。

證據一：認知對比＋借勢權威

每年能有數以億計的毛巾，但A類標準的不到一〇％。

這款毛巾就是達到了國家A類（嬰幼兒可用最高標準〔按：依臺灣規範，與皮膚直接接觸之紡織品，游離甲醛限量七十五ppm以下〕），不含甲醛和螢光劑，小寶寶和敏感肌都可以放心用。所有用過這條毛巾的人，第一印象就是：舒服！直接把家裡的毛巾全換掉了。

先揭露市面上大多數毛巾都達不到A類標準，再說明這款毛巾是達標的，進而就顯得產品格外好。另外需要說明的是，在說國家A類這個權威標準時，對於顧客來說，並不了解A類是什麼意思，所以這裡就用括弧特別解釋「嬰幼兒可用的最高標準」、「小寶寶和敏感肌都可以放心用」，這樣顧客就秒懂了。

證據二：顧客證言

說到顧客證言，很多人會說：兔媽，這個我會。但大多數人寫的顧客證言都不合格，也沒有銷售力。顧客證言有個標準，就是要切中產品的核心需求，指出具體的利益點。也就是說，你挑選的顧客證言一定是能突出產品核心賣點的，並且好處是具體的，這樣才更真實有效，也更容易打動顧客。具體可以參考前面關於顧客證言的寫作技巧（第一一三頁）。

比如「早上吹頭髮省了很多時間」，用「早上吹頭髮」這個具體的場景來體現產品「吸水性」強的賣點。

證據三：試用體驗

這條毛巾採用的是微米級的紡滑紗（孕嬰專用材料），柔軟細膩，輕輕擦在身上，就像小時候媽媽輕輕撫摸著我。

每次把臉埋進毛巾裡，都覺得舒服又很安心，有一種溫柔的治癒感。微米結構還有一個好處，就是用久了也不會結塊乾硬。每一次拿起來，都忍不住把臉蹭了又蹭，用「相見恨晚」來概括我的心情真的一點也不為過……。編輯部的美眉拿回家試了下，竟然跟我說毛巾比她的手還滑。

這裡給出產品柔軟的賣點，但問題是隔著手機螢幕，顧客是感受不到的，怎麼辦？小編透過親身的試用感受來凸顯產品的柔軟，讓顧客有一個清晰的認識，激發顧客的購買欲望。

鑑於賣貨文案的特殊性，顧客很難直接感知到產品的好處。所以，試用體驗是寫文案時，常用且非常有效的方法。**好文案＝你親身試用產品的美好體驗**。

但很多人寫試用體驗都不能寫進顧客心裡，讓人覺得不真實，覺得是小編自己編的。常見的有兩種情況：一是用力過猛，讓顧客懷疑真實性。二是太籠統，核心賣點不突出。

如何寫出有效、能打動人心的試用體驗呢？具體有以下三個技巧：

- 具體、細節。這個很好理解，比如寫**洗面乳**不要說「很溫和」，而要說「**能揉出綿密的泡沫，就像奶油一樣**」。

● 欲揚先抑。不要一頓猛誇，要先說說自己選擇之前的顧慮。比如，試過便宜的國產貨，也用過幾千元的大牌。剛開始也有點懷疑這個產品真的能達到效果嗎？接下來再說自己具體的試用體驗。

● 有場景感。如何讓顧客相信這不是你吹噓的，而是真正試用的體驗，是你的良心推薦。你要有一個試用的過程，讓顧客能想像得到，好像親眼看到你試用了一樣，這樣也更容易產生信任。為了便於理解和應用，接下來舉兩個例子。

案例一：賣涼蓆。

主打賣點：透氣、吸汗。

試用體驗：拿回家試用時，剛一躺上去，就明顯覺得清涼溫和。睏意襲來後，一覺睡到自然醒。連續睡了幾天，半夜再也沒有熱醒過。休息好了以後，精神自然更好了。

但在沒用它之前，幾乎每天到後半夜，我就會熱得汗流浹背，一整晚不知翻身多少次。觸感也很柔軟，真的是睡過最舒適的涼蓆了。根本不用擔心睡醒後身上、臉上會有尷尬的印痕，更不用因為一整夜出汗的不適大清早，還得匆匆忙忙沖澡後才能出門。

案例二：賣護手霜。

主打賣點：滋潤、保溼。

試用體驗：沒有化學劑調製的油膩厚重感和人工香精味，打開後，聞到一股淡淡的玫瑰花香，精華也比較稀薄，抹上三秒鐘就吸收掉了，好像能聽到手部每個細胞喝飽水的聲音，用了四次像是給手部換了一層皮一樣。

證據四：事實證明＋試用體驗

毛巾上的微米結構，給毛巾更多的小孔隙。再加上表面是鳳梨格編織紋路，加大了毛巾跟皮膚的接觸面，吸水面積擴大了兩倍。我拿了滿滿〇．五公斤的水，五秒就被徹底吸光，一滴都不剩。

看我做測試的同事，當場買了兩條（同事說這毛巾特別適合美眉，可惜他單身，先給他爸媽享受）。

這款毛巾可以吸收自身重量十倍的水。我們剛洗完澡身上只含有四十到七十公克的水分，一條毛巾輕鬆擦乾全身。還不用你來回擦，輕輕一按就能吸走水珠，每天洗臉、洗澡都變得特別享受！

女生平時洗頭，總是要花好多時間擦乾頭髮，彎得脖子都痠了，還是感覺頭髮溼答答的。不擦乾又不敢睡覺，頭髮的水氣讓頭部受寒，很容易頭痛、頭皮發炎。現在用這款毛巾來擦頭髮，簡直太棒，只要三分鐘，不用再看著頭髮滴水，還不傷髮質。以後不用再手痠、脖子痠了。

這裡又打出產品吸水性能好的賣點。但顧客會想「你說五秒就能吸乾，肯定是為了欺騙我購買」。所以，聰明的小編就直接給出了吸水試驗，搭配GIF動圖，讓顧客眼見為實。

但有部分顧客可能會想「前兩天剛買的毛巾或者家裡正在用的毛巾雖然吸水性沒這麼強，但擦臉、擦手也足夠了」，當顧客產生這樣的想法，基本上就不會買了。

所以，聰明的小編明確給出了「吸水性」這個賣點給顧客帶來的好處，也就是我們常說的獲得感文案。比如「洗臉洗澡不用來回擦」、「洗完頭髮，只要三分鐘就能擦乾，還不傷髮質」。這裡先寫出擁有吸水性強的毛巾的美好場景利益，再指出普通毛巾擦不乾頭髮的痛點恐懼——頭痛、頭皮發炎，兩者形成強烈反差，激發讀者對「吸水性」這個賣點的購買欲望。

延展知識點：FAB翻譯法則，寫出賣點獲得感

F＝Feature，即產品屬性、特點。

A＝Advantage，即產品優點。

B＝Benefit，即對受眾的益處。

接下來，我來舉幾個例子。

〈案例一：美白牙膏〉

這款美白去漬牙膏最突出的地方是它的配方——火山珍珠岩。（**F-特點**）

珍珠岩是自然中難得一見的能同時對抗頑固牙漬、亮白牙齒的強效美白天然成分，而且純天然很溫和。（**A-優點**）

用它刷牙不會有任何不適感，兒童也可以用，刷完就能感覺牙齒表面光溜溜的。刷完照照鏡子，你會發現牙齒變白了好多。（**B-對目標受眾的益處**）

〈案例二：防晒帽〉

與普通帽子完全不同的是，這個防晒帽採用專門為防晒設計的高科技布料——「光學布」。（**F-特點**）

這種材質是採用聚酯纖維尼龍及彈性紗為組織材料的聚合物，具有彈力大、透氣性好、透光性及吸光性強。摸起來像絲綢一樣順滑清涼，舒適度極高。（**A-優點**）

防晒測試中，連續兩小時光照，在光學布的遮蓋下，皮膚都沒有變黑。不管你出門逛街還是去海邊玩水，戴上它，就算四十度的高溫也晒不黑。（**B-對目標受眾的益處**）

〈案例三：蜂膠面膜〉

這款效果逆天的面膜，其核心成分是非常昂貴的「肌膚軟黃金」——蜂膠。（**F-**

特點）

實驗發現，蜂膠含有四．一三％類黃酮，能有效促進細胞代謝，滋潤肌膚，是為數不多能有效改善粗糙的天然物質。（**A-優點**）

只要連續敷三週，就能讓粗糙的肌膚變光滑，連毛細孔都肉眼可見的變小了，大大提升了肌膚的細膩度！（**B-對目標受眾的益處**）

〈技巧四：認知科普，拉高客單價〉

國外家庭，每人平均會有十條毛巾，但在國內家庭，每人卻不到兩條。

我們建議：使用毛巾最好做功能區分，一條擦臉、一條擦身體、一條擦頭髮等。這樣能避免混合使用、重複使用，造成細菌交叉感染。

到文案結尾，顧客會想「這款毛巾看起來不錯，先買一條試試吧」。但毛巾屬於低毛利產品，加上郵寄成本，根本沒有太多的利潤，所以聰明的小編透過外國人的做法，給讀者重建一個新認知，就是毛巾要做好區分。不僅家人之間要區分，個人之間還要做好功能區分。這樣給顧客一個多買的理由，進而增加每位顧客的客單價。

POINT

爆款文案

- USP理論有三個特點：第一，給予消費者一個明確的利益承諾。第二，必須是唯一的、獨特的。第三，必須有利於促進銷售。
- 凸顯產品獨特價值＝比～倍＋可量化的價值利益點（數字＋結果）。透過與競品對比，凸顯產品獨特銷售主張。
- 寫出打動人心的試用體驗的三個技巧：第一，具體、細節。第二，欲揚先抑。第三，有場景感。
- 證明賣點利益範本＝事實證明＋試用體驗。先透過GIF動圖證實產品某個賣點，再透過親身試用體驗來凸顯賣點給顧客帶來的利益好處，成功激發顧客的購買欲望。

案例4

用對人設故事，打造網銷最夯英語課

標題：他劍橋畢業，是英國外交部翻譯，卻為愛情來到中國，還把六十二歲老奶奶教成了英語達人！

爆款詳情：兩個月銷售額一百四十九萬元，轉化率四%。

關鍵字：英語課程、故事反差標題、痛點恐懼、認知對比、人設賣貨。

接到社群學員的最新爆料，在一個知識付費的公眾號上，一門英語課賣爆了。作為課程類產品，轉化率普遍在一．五%左右，但這門課程支付轉化率做到了四%。這篇文案究竟是如何塑造課程賣點的呢？我們一起來深度拆解。

〈技巧一：製造反差，抓住眼球〉

這是典型的故事反差標題（見下頁圖10）。對於很多有研發背景的產品以及付費課程，這個標題幾乎是萬能的，現在我把拆解範本給你看：

圖 10　故事反差標題範本

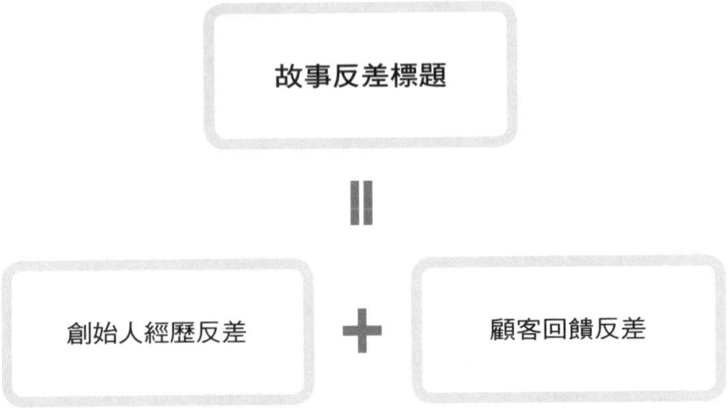

職業反差：劍橋畢業的英國外交部翻譯，卻為了愛情來到中國。在大多數人的認知裡，外交官這個職業是非常嚴謹的，而他卻為了愛情來到中國，塑造了職業上的反差，吸引讀者點擊。

顧客回饋反差：很多人會覺得，老年人記憶力很差，學新東西也是很難的，但這位老師把六十二歲的老人都教成了英語達人，進而讓讀者相信老師的實力。而且還會讓讀者產生一種積極的心理暗示：老人都能學會，我也能學會。

你可以從四個方向尋找思路：

- 學歷和職業反差，比如「小學畢業成公司CEO」、「留洋海歸回農村當村主任」等。
- 年齡反差，比如「九歲小學生研發出掃地機器人」、「五歲小孩能速算四位數加減乘除」等。
- 境遇反差，比如「從街頭賣藝到登上國際舞臺」、「二十年農民變身千萬富商」等。
- 客戶回饋反差，比如「從破口大罵到讚不絕口」、「讓三歲孩子拿到鋼琴賽冠軍」等。

好奇是人的天性，而每種反差即便是簡單的一句話也藏著有趣的故事，可以迅速勾起讀者的好奇心，吸引他點擊標題一看究竟。

這給我們的啟發是：在寫文案標題時，可以先思考一下產品的品牌創始人、研發過程、消費者評價有沒有這樣的反差。有的話，把它提煉出來，寫進標題中。延展舉例如下：

〈課程〉：他玩吉他二十年，從不被看好到登上國際舞臺（**境遇反差**），現場觀眾持續鼓掌五分鐘（**客戶回饋反差**）！

〈包子連鎖店〉：五十歲老農民不種地賣包子（**職業反差**），連開一百家連鎖店，迎娶三十歲美嬌妻（**年齡反差**）！

〈空氣淨化器〉：名校高材生放棄年薪百萬工作賣淨化器，只為寶寶呼吸上新鮮空氣（**學歷反差**）！

〈技巧二：負面場景戳中痛點，激發顧客購買需求〉

學英語十年，詞彙量數千，但偶遇問路的外國人，秒變啞巴，講不出一句話。課本裡學到的表達，出國後發現，老外根本不這樣講，甚至一臉茫然，因為聽不懂你在講什麼。

二十歲時，發誓要學好英語，卻常常不了了之。二十五歲那一年，遇到一份很棒但要會說英語的工作，只好說：「我不會耶！」每一次交談、面試、演講、接待、出遊……聽到別人用一口標準、流利的英語侃侃而談，只能羨慕嫉妒外加乾瞪眼。

世界那麼大，那麼豐富多彩，我們本可以用英語去看看、去體驗，卻因為說不好英語，那些在別人看來觸手可及的美好，你可能一輩子也碰觸不到。就像一個去過十六個國家的朋友所言：英語不好，即便你出了國，也只能活在自己的小圈子裡。

這門課程的主打賣點是：不用記單字和文法，就能學會一口道地、流利的英語。那你要怎樣才能寫出它的優勢呢？如果你說「英語會話在生活中用處很大，而且我能讓你不背單字就快速掌握」，這很難吸引讀者的關注。

而這篇文案就非常巧妙，透過指出目標顧客普遍存在的痛點——「見到老外想溝通，秒變啞巴」、「出國問路，老外完全聽不懂你講什麼」、「遇到很棒的工作，因不會英語而遺憾錯過」，讓讀者產生共鳴。

但僅僅戳痛顧客、引起共鳴就夠了嗎？當然不，他可能痛一下就忘了，你必須指出更嚴重的後果。這裡就明確給出了：「即便你出了國，也只能活在自己的小圈子裡。」很多人都有出國夢，但如果不會說英語，就算圓了夢、出了國也白搭，讓讀者覺得：這個問題很嚴重，必須要解決。

〈技巧三：客觀真實對比，凸顯產品優勢〉

> 我們花在英語上的時間數一數二，學習效果卻倒數一二；我們有那麼多著名的培訓機構、厲害的英語老師、各種各樣的學習技巧……為什麼口語還是一塌糊塗？也許你會自我檢討，這是詞彙量不夠、沒有語言環境、沒有天賦……但其實，可能是因為你的英語都是亞洲人在教，想當然你學到的都是中式英語表達。
>
> 這一次，我們請到了來自英國劍橋大學的國際級同步口譯，超級會說中文的英音男神 Chris，他獨創的英語口語速成法，已經幫助上萬人，在短期內，不看英語書、不背單字、不學語法，靠掌握關鍵句型和場景，就輕鬆學會說一口地道、流利的英語。

其實，這裡的本質還是競品認知對比（見下頁圖11）。

他先指出市面上大多英語課程存在的各式各樣的問題：時間花的多，背的詞彙量大（缺點多），學習效果卻最差（利益少）。但你發現它的不同了嗎？前半句的**「競品缺點」用反問句式表達出來，這樣更容易和顧客建立互動，吸引他繼續閱讀**。

緊接著，指出這門課程的老師個是土生土長的英國人，能夠讓你在短期內，不用背單字、不看英語書（優點多）就能學會一口地道、流利的英語（利益大），而且已經幫助上萬人（暢銷數字）。

認知對比可以說是**寫文案時必須用的技巧**，不管你做什麼行業、什麼產品，總會有競爭對手。那麼，你先指出競爭對手的缺點，再展示出產品的好，就會顯得你推薦的產品格外好，從而激發目標顧客的購買欲望。

注意這裡有一個關鍵點，就是在你評論競品缺點時，一定要客觀真實。比如背單字、背英語課文，這是每個人在學英語時都會經歷的事。

有讀者可能會問：兔媽，我不太確定競品有哪些缺點，怎麼辦？

給你兩個小技巧：第一，你去淘寶上搜出競品，然後看評論，把評論中抱怨多的列出來，然後對應競品的缺點，想出產品的優點。對於線下（按：實體店、面對面的銷售）銷售的產品，就找客戶聊天做調查研究。第二，把競品在文案中的生澀描述直接展示出來。比如，競品描述產品的功能用了一些專業術語，顧客根本看不懂，而你把這些功能用通俗的話說出來，顧客看懂了，就會覺得：「對，你推薦的產品才是我需要的。」

圖 11　競品認知對比範本

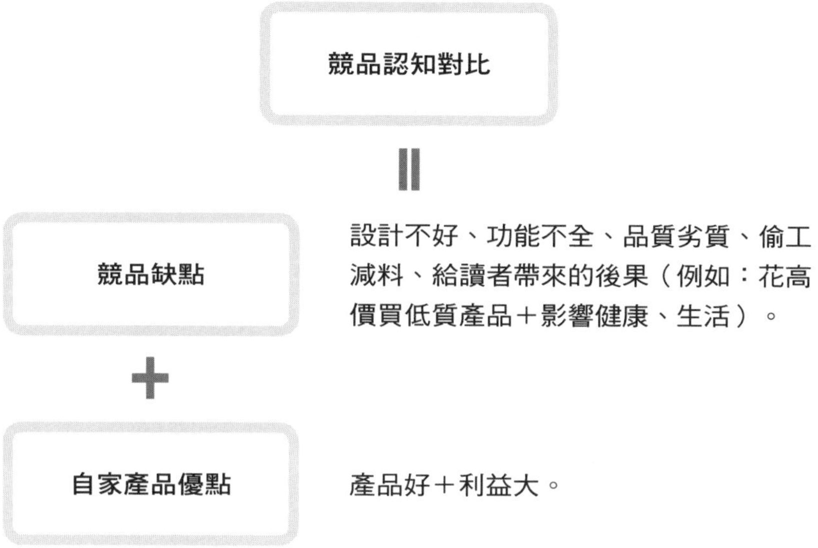
競品認知對比
＝
競品缺點
設計不好、功能不全、品質劣質、偷工減料、給讀者帶來的後果（例如：花高價買低質產品＋影響健康、生活）。
＋
自家產品優點
產品好＋利益大。

現在請你拿張白紙，把競品的缺點寫下來，然後對應寫出自家產品的好，這樣就能激發目標顧客購買產品的欲望了，趕緊練習吧！

案例一：不沾鍋。

競品缺點：很多廠家為了節省成本，用的都是劣質塗層，長期使用不但有害健康，而且塗層很容易就被鏟子刮花了；塗層掉了，不沾鍋也壞了。

產品優點：美國頂尖品牌塗層，唯一擁有專利的鍋具塗層，安全健康無油煙，抹布一擦就乾淨。最重要的是，塗層穩定性很好，不容易被刮傷，正常情況下，一、兩年也依舊不沾。

案例二：兒童玩具。

競品缺點：非健康材質、不安全。

產品優點：採用食品級矽膠，安全無味，就算把玩具放到嘴巴裡咬也不用擔心健康問題。六次精工製作，不會出現凸出來的尖刺，扎傷小寶寶。

案例三：口紅。

競品缺點：顯色好的，塗上就乾巴巴；滋潤型的，喝水會沾杯、吃飯會掉色。

產品優點：獨家高濃度鎖色配方，既滋潤又留色。不會卡脣、乾巴巴，滋潤度很足，讓整個口紅更顯色。一天補妝一次就夠。

案例四：烤箱。

競品缺點：鋼化玻璃、智能加熱，碎裂時易造成危害。

產品優點：鑽石級強化玻璃，經過數百次防爆試驗，長時間高溫烘烤，不會出現玻璃破碎風險。３D迴圈溫控，三百六十度旋轉加熱，均勻烤熟食物，不會出現半生不熟的現象。

案例五：涼蓆。

競品缺點：硬梆梆、易夾髮膚、太涼易感冒、悶熱不透氣。

產品優點：一〇〇%精梳棉，冰而不涼，整夜體感保持在二十六度，睡在上面如同在山裡過夜般涼爽。睡在上面無論流了多少汗，不過一會，粗布纖維就將汗水吸收掉，馬上神清氣爽。

〈技巧四：打造鮮活人設，建立情感連結〉

人都是有情感的，一旦產生了共鳴和信任，就會信任你的產品。打造人設就是透過作品、宣傳、經歷，在目標消費者中樹立一個形象，然後利用主人公的這種印象，反過來去為產品背書。打造人設常用的有兩個技巧：

第一，巧合開頭＋離奇轉折＋主人公新的目標和挑戰。

第二，自己或最親密人的糟糕狀態＋完美結局＋主人公勵志和心願。

其實，如果你注意觀察，在很多電影和電視劇中也常常會有這樣的情節。

以下我們來看打造人設的例子。

> 我的第一份工作是醫藥公司的醫院採購經理，長期駐外。有一次搬家後，感覺腰痛難忍，拍了CT（按：computed tomography，電腦斷層攝影）後，發現是椎間盤突出引起的。
>
> 當時很不能理解，腰椎間盤突出應該是好發於中老年人的疾病，我當時才二十三歲，怎麼就得了這個病。經過和專家醫生的溝通，我基本上弄清楚了原因。
>
> 雖然大學時的專業是臨床醫學，但是對這個病也只是一知半解，臥床休息了一個星期左右，加上口服藥物，疼痛基本上消失了。

本以為病好了，但是後來發現這僅僅是個開始，不能長時間坐車、不能搬重物、不能勞累、不能久坐，否則就會疼痛發作。大概一年後，逐漸的開始腿麻，大腿和小腿開始疼痛。稍有不慎就加重，有時晚上疼得難以入睡。嘗試各種治療方法，都是暫時的緩解。

由於身體的原因，不能再東奔西跑，最終回了老家，經老師介紹，進入了某單位工作，負責全省一百多家醫藥企業的聯絡統計等工作。儘管工作相對輕鬆，但備受病痛折磨，於是我下定決心要徹底了解這個疾病的相關知識，一定要治好自己的腰椎間盤突出。從那時開始，便在閒暇之餘重新學習骨科相關文獻書籍、拜訪骨科專家，請教腰椎間盤突出的各方面問題。

功夫不負有心人，我的腰椎間盤突出症如今已經三年多沒有再犯過，勞累和久坐也不再復發。今天我就給大家詳細的講一講……希望對廣大的朋友有所幫助。

這裡用了打造人設的第二個套路：**自己或最親密人的糟糕狀態**（比如：我女朋友痛經／我工作不久查出腰椎間盤突出）＋**神奇轉機**（比如：奶奶傳授給我的祕方／經恩師介紹／經自己專研努力等）＋**完美結局**（比如：女朋友痛經好了／我的腰椎間盤突出好了）＋**主人公勵志和心願**（我要幫助某類人解決某類痛苦）。這樣會讓人覺得很暖心，而且因為他本人或家人就是受益者，也更容易獲取讀者信任。

POINT

爆款文案

- 【故事反差】標題＝創始人經歷反差＋顧客回饋反差，具體還可從學歷、職業、年齡、境遇、客戶回饋等面向挖掘反差點。
- 【痛點恐懼】＝生活中具體的、高頻率發生的痛苦場景＋目標讀者難以承受的後果。
- 【競品認知對比】＝競品缺點（設計不好＋功能不全＋品質劣質＋偷工減料＋給讀者帶來的後果，例如，花高價買低質產品＋影響健康、生活）＋自家產品優點（產品好＋利益大）。
- 打造人設的兩個常用範本：

①巧合開頭＋離奇轉折＋主人公新的目標和挑戰。

②自己或最親密人的糟糕狀態＋完美結局＋主人公勵志和心願。

2 勾魂，你只有三秒

平時寫稿時，經常有學員諮詢：兔媽，寫文案開頭，有沒有什麼好用的技巧和套路呢？的確，不管是寫賣貨文案，還是打推銷電話，開場白都很重要，就像我們接到一個推銷電話，如果在開頭沒能吸引你的注意，你肯定不會繼續聽下去。

《文案訓練手冊[15]》（*The Adweek Copywriting Handbook*）中有一句話給我的印象很深刻：「如果一則廣告裡的所有元素都是為了讓目標顧客開始閱讀文案，那麼我們真正要談論的應該就是文案的第一句話。而第一句應該簡短易讀，並讓目標顧客非注意到不可。」

可問題是，很多人寫開頭喜歡繞彎子，比如寫明星八卦，還沒有切入正題就洋洋灑灑幾百字了。更關鍵的是，這樣吸引來的大部分人是想看明星八卦的，當你拋出產品時，他們會覺得上當了，於是直接關掉頁面。

本節我們將拆解這篇爆款瘦身按摩器材的推文，它的開頭非常有吸引力，不但能吸引精準粉絲對話題的關注，更能激發目標客群的欲望，進而被勾著一直翻頁看下去。

更重要的是，這個開頭方法非常簡單。下面我們一起來深度拆解一下。

案例1

減肥器材爆多，如何增加銷量一〇%？

標題：胖子都是潛力股，瘦二．五公斤，顏值能長三分！

爆款詳情：客單價一百二十九元，賣出一．六萬多單，銷售額二百零六萬元。

關鍵字：按摩減肥器材、勾魂開場、視覺衝擊、圖片認知對比。

〈技巧一：數字＋反差，吸引點擊〉

這個標題簡短有力，前半句先給出一個結論，告訴目標顧客「胖還有救」。後半句直接給出目標顧客「瘦了之後」的效果「瘦二．五公斤，顏值長三分」，用數字製造反差，激發顧客減肥的欲望，進而吸引顧客點擊。類似的還有：**四十歲的人，二十歲的皮膚**。

15 作者為喬瑟夫．休格曼（Joseph Sugarman），繁體中文版由高寶國際出版。

在行銷文案中，數字比文字更容易吸引顧客的注意力。所以在寫標題時，很多爆文常常採用植入數字的方法。那麼，我們可以利用哪些數字呢？在這裡，我提煉了四個層面：

第一：產品銷量。

你的產品賣出多少，也就是產品的暢銷度如何。這個資料不僅能提升下單欲望，還能增加信任。當然，銷量的資料不僅僅包含總銷量，更包含單位內的銷量或是某特殊時段的銷量。

比如：

- 爆賣三千萬瓶的日本網紅美容水，比神仙水還好用！
- 狂賣九千＋！Q彈香嫩無敵，鹽焗控絕不能錯過！
- 中國每賣出十罐涼茶，七罐是加多寶[16]！

第二：產品的製作與歷史。

你的產品有多長時間的歷史，研發經歷了多長時間。比如：

- 六十年的手藝淬鍊，四十五天的醃漬沉澱，一戳就爆漿的黃金皮蛋！

第三：主人公年齡。

你的產品創始人年齡是多少？使用者的年齡是多少？管理人員普遍年齡是多少？深挖產品背後藏著的人物，用他們的年齡為產品服務。比如：

- 我的女友三十歲、月薪五千五百元、自暴自棄，今年賺了一百萬元！

第四：時間數字。

在特定時間內，發生了什麼事情？實現了什麼效果？比如：

- 一分鐘賣出三萬件衣服，老闆比比爾．蓋茲還有錢，他靠一個字顛覆了整個零售業！
- 他五分鐘搞定我八小時的工作，農村小夥子用這神技能打敗九〇%的都市人！
- 普通人如何在六個月內學會任何一門外語？

〈技巧二：圖片視覺衝擊，快速抓人眼球〉

> 胖子都是潛力股，瘦二．五公斤，顏值能長三分！
> 你是不是也曾跟我一樣，被網上瘦身前後勵志圖所激勵，開始了管住嘴、邁開腿的減肥之路？結局八成也差不多：

16　加多寶集團的涼茶品牌。加多寶集團是一家以香港為基地的飲料生產及銷售企業，主要產品為紅色罐裝加多寶涼茶和「崑崙山雪山礦泉水」。

十來年前萌生減肥的念頭——卻從六十公斤胖到七十公斤。
過了五年減肥的念頭再次出現——卻從七十公斤胖到八十公斤。
此時進入停滯期——用了兩年胖到八十五公斤，又用了兩年胖到九十公斤。
目前儘量減少運動，以期保持體重。

——忙裡偷閒的楊

進入一個減肥計畫實施→控制飲食→暴飲暴食→減肥失敗；罪惡感→重新制訂減肥計畫→繼續控制→繼續暴飲暴食→再次陷入罪惡感的惡性循環……。

——kimiliy

大多數人還掙扎在「越減越肥」的惡性循環，卻不知道聰明的妹妹們早就擺脫了「節食運動」的魔咒，人手一款淋巴按摩器，沒多久就瘦一大圈！

第一句「胖子都是潛力股，瘦二．五公斤，顏值能長三分！」先給出一個明確的結論，胖瘦直接關乎顏值。相當於直接告訴顧客，如果你瘦下來一點，人就更美，進而激發目標顧客減肥的欲望。其實，這裡最關鍵的是圖片對比，非常有視覺衝擊力，讓讀者直接感受到瘦下來真的能變美。

圖 12　視覺反差開場範本

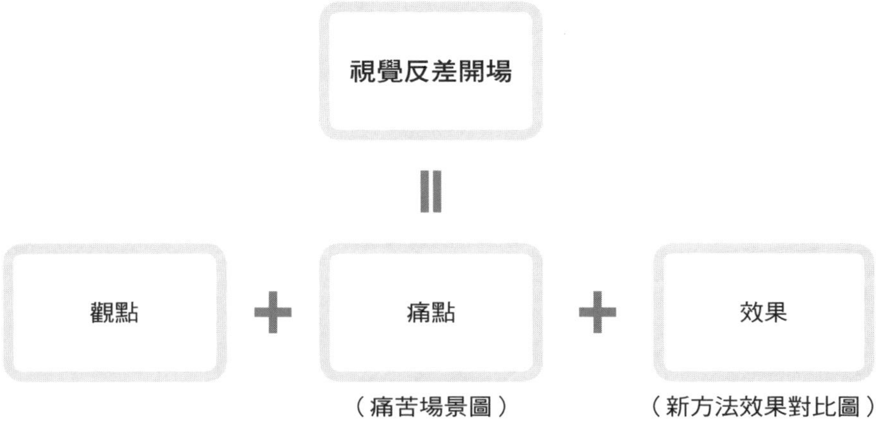

事實證明，最容易對目標顧客產生衝擊的還是圖片。文案就像吹了一陣風，但圖片的殺傷力就像直接在水面上扔了一個石頭。如果單看文字，顧客想減肥的欲望是三分，看完對比圖片想減肥的欲望就能達到八分。這也是視覺反差開場技巧的核心（見圖12）。

接下來，透過兩位顧客的心得分享，戳中目標客群的痛點——節食、運動，結果卻是越減越肥，引發讀者共鳴。其實，這兩位顧客就是大多數想要減肥的人的典型代表，也就是我們常說的顧客畫像。

另外，這裡的重點還是圖片，強烈的反差對比，再一次激發目標顧客減肥的欲望。

最後，給出新方法（瘦身按摩器材）的效果對比圖，引發顧客好奇，刺激他繼續閱讀原文進一步了解產品詳情。

這裡給大家說的這個開頭套路就是圖片對比認知，這要比單一的文字更有衝擊力，也更容易在目標顧客的腦海裡產生反應。

這裡最重要的就是：痛點圖和效果對比圖，透過視覺反差對比，激發範本顧客對現狀的不滿，對理想效果的渴望。為了便於消化和運用，下面再舉個例子。

如果你賣美白產品，開頭就可以先給出【觀點】「白＝美／黑＝土」，接下來擺出某人或某明星又黑又土的照片，最後給出新方法美白後的效果對比圖。

比如我在給某美白精華寫推文時，就用到了這個方法。

從古至今，男人的視覺焦點，九九％都在肌膚白嫩的女人身上，他們的審美簡單粗暴：白＝顏值高、氣色好、穿什麼都好看；黑＝土。好多明星從出道時的村姑，變成後來的女王，也都離不開皮膚的變白。比如，今年新晉的「虎撲女神」（按：指直男心中的女神，中國流行的網路票選比賽）高圓圓。其實，她的五官是很精緻，就是黑黑的皮膚讓她不那麼顯眼；泰國電影《初戀這件小事》裡的女主角，在五官完全沒變化的情況下，摘個眼鏡，變白幾個階，堪比整容。

〈技巧三：講事實、擺證據，證明對用戶有益〉

關於減肥產品，消費者聽得太多、看得太多，很難再相信某些新產品。要解決這些問題，獲得讀者的「信任感」至關重要。所以，接下來的文案就擺出了一系列證據鏈，塑造產品的信任背書。

方法一：明星案例＋用戶證言

大多數人還在越減越肥的惡性循環裡掙扎，卻不知道，聰明的女性們早就擺脫「節食運動」的魔咒，人手一款淋巴按摩器，沒多久就瘦一大圈！

淋巴按摩一直是明星們的瘦身小祕密：林心如酷愛的淋巴按摩器，逢人就推薦，四十好幾依然保持苗條少女身材，怎麼吃都不怕胖。超級名模米蘭達可兒，每天早上都會用一把刷子刷身體來維持身材，已經堅持了幾十年！生了兒子的她，越發美豔動人，更有超模風格！

這裡在介紹產品時，並沒有一上來就說產品怎麼好，而是先透過國內外明星對產品的追捧，塑造權威背書。一方面利用顧客的社會認同心理，激發對產品的購買欲望；另一方面透過明星的認可，借勢權威，獲取顧客信任，讓顧客覺得「明星都在用，肯定不錯」。

方法二：試用體驗＋顧客案例

我自己偷偷滾兩個星期，主要瘦大臂，發現肉明顯收緊，鬆鬆的蝴蝶袖上去了。蝴蝶袖變化特別明顯，緊實了，整個手臂都變瘦。

我旁邊一個女孩也試用了，她是典型的水腫腿，跟我說去水腫效果特別好！晚上睡前滾一滾，早上起來腿就跟模特兒一樣細。終於不用晚上壓腿拉筋，不用天天煮薏仁湯了。這個按摩儀簡直懶人絕配！

它簡直是對付肌肉腿的法寶！打鬆肌肉、打散脂肪，促進血液循環，慢慢小腿就變得軟軟的，腿形也能改善。

為了向顧客證明產品的瘦身效果，這裡給出了小編的親身體驗和身邊好友的使用案例，讓讀者相信產品真的有效果。你發現了嗎？這裡沒有籠統的說瘦了，而是從目標顧客的兩大痛點「蝴蝶袖」、「肌肉腿」出發，讓顧客相信小編是真正體驗過的，產品也是真正有效果的。緊接著，透過顧客的案例，讓讀者產生一種「你能瘦下來，我也可以瘦下來」的積極心理暗示。

方法三：借勢權威

FLP來自日本，一向注重安全環保，材料是完全無刺激的ABS樹脂材料，很多嬰幼兒的玩具就是用它做的，小寶貝們經常拿在手裡、含在嘴裡，柔嫩的肌膚也完全沒受到傷害，大家大可以放心試用！

FLP淋巴按摩原理其實跟刮痧一樣，透過滾動全身淋巴，給身體排毒，打散多餘脂肪，加速血液循環，促進多餘水分排出和脂肪代謝。中國中央電視臺的權威健康節目《健康之路》就做過一個專門介紹刮痧減肥的節目，還講述了多個透過刮痧在三個月之內就瘦身成功的實例。

首先，推文指出產品材質安全、無刺激的賣點，但顧客並不知道ABS是什麼，這裡就用到了賣點直白表達技巧中的「媲美第一」的技巧，告訴你這個材料是嬰幼兒玩具中常用的，孩子放在嘴裡都沒有問題。這樣顧客就會覺得產品是安全的，因為孩子都可以把它放在嘴巴裡。

其次，在介紹產品作用原理時，文章中用到了類比。把大家不熟悉的淋巴按摩類比到大家熟悉的刮痧，讓顧客更容易理解。但顧客會懷疑，刮痧真的能瘦身嗎？緊接著，就借勢《健康之路》的權威報導，並且有圖片佐證，讓顧客相信刮痧真的可以實現瘦身的效果。

〈技巧四：價格錨點＋使用場景，引導快速做出購買決策〉

我發現某網紅大牌也有一款一模一樣的，將近兩千元，我同事就有一個，拿來對比下，發現體驗感完全相同，我們這款卻只賣八十九元。

八十九元買一個，品質好，可以用很多很多年。不只輕鬆瘦身，還能滿足瘦臉、美容、緩解疲勞、改善失眠等多種需求，價格還不到人家的零頭，買盒面膜也不止這個價。

配有純黑色絨布抽繩收納袋，用完裝進小袋子裡，掛在牆壁上，完全不占地，還防塵、防刮。買兩個再減十元，剛才有提到，我都是買兩個，兩邊一起按，超級省時省力，所以強烈建議你們買兩個。

首先，與網紅大牌按摩儀進行價格對比，凸顯產品價格便宜。然後，給出產品的多種功能場景和收益，給顧客一種物超所值的感覺。

另外，搭配便攜收納包裝，主動化解顧客不好存放、占空間的顧慮。最後，設置買贈政策「兩件立減十元」，但顧客會有「買兩件沒有用」的想法，所以小編給出了一個買兩件的理由「兩邊一起按」，進而實現提升客單價的目的。

POINT
爆款文案

- 標題常用的四個數字技巧：產品銷量、產品的製作與歷史、主人公年齡和時間數字。
- 視覺反差開場範本：觀點＋痛點（痛苦場景圖）＋效果（新方法效果對比圖）。透過視覺反差對比，激發目標顧客對現狀的不滿，對理想效果的渴望，進而繼續閱讀原文。這個範本適合功效對比明顯的產品，比如祛痘、美白等。

案例2　SCQA式標題×兩次衝突，九九%的文案都能照套

標題：十年頑固灰指甲，久治不癒？用它！上市五年，讓無數美國人擺脫灰指甲！

爆款詳情：客單價一百二十九元，火爆全網，一．五萬多單。

關鍵字：灰指甲液、開場白、SCQA模型、故事衝突。

你有過這樣的經歷嗎？你經常能夠記住一些電視、小說中的故事情節，雖然具體的小說名或者主人公名字可能記不太清楚，但整個故事情節卻牢牢印刻在頭腦中。

這就是故事的力量。

在遠古時代，人們唯一的娛樂方式就是圍坐在篝火邊，聽有威望的族人講故事。所以，對故事天生的敏感和熱愛是刻在人類基因裡的。所以，影響一個人最好的方式，不是給他講道理，而是講故事。想讓孩子學會誠實、不說謊，就給他講「狼來了」的故事。

當人們在聽故事的時候，他們潛意識的閘門是打開的。這個時候，人們就會被故事裡的情緒感染，故事裡傳達的觀點和資訊也會被潛意識接受。

所以，很多文案高手也常常用故事來實現賣貨的目的。本節將拆解的爆款灰指甲液就用了

故事開場，讓讀者更容易代入、產生共鳴。

〈技巧一：痛點鎖定目標客群，破解方法激發欲望〉

這是**典型的實用錦囊式標題，前半部分明確指出**目標客群是灰指甲患者，**目標客群的痛苦和苦惱**是「久治不癒」；**後半句給出破解方案**。

區別於常見的實用錦囊式標題，推文還凸顯了產品的兩大亮點，分別是「美國進口」和「暢銷」，不但能吸引目標客群的注意力和好奇心，同時還能贏得顧客的信任。

這裡需要說明的是，文案沒有強調灰指甲的具體症狀，而是強調十年頑固灰指甲，讓顧客覺得「十年頑固灰指甲都能解決，時間短、不嚴重的更沒有問題了」，進而凸顯產品功效的強大。這給我們的啟發是：實用錦囊式標題的前半部分，除了指出讀者在某種具體場景下的痛點和苦惱，也可以是長期以來的苦惱。

你在前面指出了顧客的苦惱和痛點，緊接著還要告訴他「我有個好方法，能幫你擺脫煩惱，讓你快速找到問題的答案。」

另外，你也可以給顧客一個完美的結局，描述出煩惱被解決後的美妙效果，從而激發顧客的購買欲望。比如：「天生黑黃皮？早晚用它塗一次，二十八天讓你白到發光！」，這裡「二十八天讓你白到發光」就是美妙的結局。請看下列例子。

〈健身卡〉：肚子上一圈肉（**普遍、高頻率的痛點**）？國家運動員專業教練給你三招，一個月練出迷人腹肌（**完美結局**）！

〈寶寶副食品〉：寶寶不愛吃青菜（**普遍、高頻率的痛點**）？五百萬粉絲育兒達人教你做蔬菜三明治，十秒讓寶寶愛上吃青菜（**完美結局**）！

〈賣實用內容〉：文章閱讀量總是上不去（**普遍、高頻率的痛點**）？掌握這十個超好用的標題套路，再也不用愁（**解決方案**）！

〈知識課程〉：農村出身、如何靠自己一年內買房（**社會性話題**）？只要做到這三點，一年內買兩套房一點也不難（**解決方案**）！

另外，文案還要避免盲目誇大產品效果，這樣顧客才會覺得小編很真誠，而且產品性價比更高，進而提升顧客的購買欲望。如何寫出讓顧客不反感的「認知對比」？我提煉出了以下範本：

- ～，目前最有效的方法，就是～！
- ～，但（競品糟糕的點）～！

● 這次給大家推薦的～，（新產品的優勢），用完和～的效果差不多。

這個認知對比範本的本質，就是把產品與顧客認知裡最好的產品進行連結、比對，從而凸顯你推薦的產品更完美！

〈技巧二：故事戳中痛點，用衝突引發共鳴〉

前段時間朋友在洗腳的時候，突然發現大拇指甲上有塊灰黃色，摸上去還有些粗糙、變厚。因為家裡有人得過灰指甲，讓她立馬想到自己不會也得灰指甲吧！嚇得她趕緊求助網路，還真的有很多病友提供偏方！有的建議把大蒜去皮拍碎後敷在患處，有的建議把病變的指甲拔掉，還有的建議每天早晚用一定濃度的冰醋酸溶液浸泡病甲十分鐘。

發帖者的言之鑿鑿，讓朋友如獲至寶、深信不疑。然而，蒜泥剛敷上去，指甲邊緣的皮膚組織便紅腫刺痛。傻妹妹用偏方忍痛堅持了一週，去醫院檢查後發現，灰指甲沒治好，竟然又得了甲溝炎（按：俗稱凍甲，指甲周圍發炎）！

專業醫生給了解釋：其實，用醋和蒜來對付灰指甲是不科學的，更容易導致真菌入侵引發感染，導致甲溝炎。況且灰指甲黴菌多且複雜，將近有兩百種，不根除還會帶來一系列併發症，甲溝炎嚴重的甚至造成皮膚病。所以得了灰指甲一定要儘早剔除，而且這些黴菌都具有極強的傳染性，只要發現家裡一個人有灰指甲，絕對會接二連三的有人中招。

跟灰指甲對抗過的人都知道，它有多頑固、有多難治。古方土方泡、包，甚至是刀片割、拔指甲……罪受了那麼多，最後還是沒有效果，長出來的指甲還是老樣子。

今天推薦給大家的這款灰指甲消除液，不用包！不傷膚！不拔甲！不影響日常走路！五秒速乾，二個月剔除灰甲，新甲重生。

其實，這個開頭用的就是典型的SCQA模型（見第二二五頁之圖13）。

S情境：突然發現大拇指甲上有塊灰黃色，摸上去還有些粗糙、變厚。

C衝突：求助網路使用偏方，導致甲溝炎。緊接著，透過專業醫生印證結論「不科學的方法解決不了灰指甲」，並促使衝突進一步升級——「將近兩百種黴菌導致皮膚病。且具有極強的傳染性，如果不及時治療，有可能傳染給家人」，進而激發目標使用者尋找新問題的欲望。

A解決方案：給出解決方案，也就是小編要推薦的產品「灰指甲消除液」。

你發現了嗎？其實，這段故事的本質還是痛點恐懼。但同樣的內容，**透過SCQA模型就寫**

出了故事感，更容易吸引讀者注意力、讓其產生代入感。

首先，在故事背景描述部分指出目標客群的症狀和痛點——指甲發黃、粗糙、變厚。然後認知對比，指出治療灰指甲的常見錯誤方法，凸顯其他方法的缺點，目的是讓顧客主動放棄這些方法。最後，透過專家指出使用錯誤方法，以及不及時處理會導致的嚴重後果，激發顧客尋找解決方案的欲望——購買產品的欲望。

《故事經濟學》[17]（*Narrative Economics*）一書說，**沒有衝突的故事，就不是一個好故事**。而這段開頭就有兩次衝突，所以，很容易引發目標客群共鳴，吸引繼續閱讀，尋找解決方法。

這裡需要說明的是，很多SCQA模型並非是完整的，而是其中某兩三個元素的組合，例如本篇文案就只有SCA部分。

S通常是指目標顧客普遍熟悉、認同的事，也就是我們常說的普遍性的痛點。由此切入，更容易讓大家產生代入感，必須讓對方聽完以後產生一種「對對對，你說的沒錯」的反應。然後，指出存在的衝突，打破開場給對方的安全感，讓他認識到面臨的問題，也就是C。Q是指刺激目標使用者的反思和思考，我要怎麼辦？最後給出答案A，也是接下來要表達的主題，可以是觀點或產品。另外，很多時候Q是省略的，而SCA三個部分也可以靈活變換順序。

圖 13　SCQA 模型

S
Situation
（情境）
由目標顧客熟悉的
情景、事實引入。
C
Complication
（衝突）
實際情況往往和我
們的要求有衝突。
Q
Question
（問題）
怎麼辦？
A
Answer
（解決方案）
正確的解決
方案是……。

17 作者為羅伯・席勒（Robert J. Shiller），繁體中文版由天下雜誌出版。

〈技巧三：擺事實給證據，證明對用戶有益〉

傳統方法不行，但顧客還會擔心：「你推薦的方法真的可以解決我的痛點和困惑嗎？」當你提出一個新方案時，意味著顧客需要做出評判和改變，而且還會面臨各種成本，這對他來說是一個很艱難的過程。所以，你要給出一系列證明，獲取顧客的信任，告訴他選擇這個方法是明智的，讓他快速做出購買決策。

方法一：打造專家人設

它成立於一九一二年，創始人 Leonard 博士是一名脊椎治療師，在工作中接觸到大量病人後，他發現集中於身體膝蓋、腿部、背部及臀部的疼痛大多都源於腳部問題，也正因為自己在這方面很專業，讓他不斷探索實驗足部緩痛技術。

在生活中，大到買房、買車，小到去超市買牙膏、牙刷、衛生紙，我們都更願意相信專家的推薦。就連朋友圈賣貨，第一步也要打造朋友圈的專家形象。賣貨文案也是一樣。

這裡就很好的塑造了產品創始人的專家人設，告訴顧客這個產品是創始人接觸大量病人後，不斷探索才研發出來的。透過創始人的專家人設，進而讓顧客相信產品的品質和效果是值得信賴的。

方法二：權威＋暢銷

超過一萬五千名足科醫師團隊打造多款足部產品，三十年來專業解決灰指甲、拇指外翻、高跟鞋傷痛、骨刺等腳部問題。

全球六大洲二十多個國家都有它的受益者，產品更是經過美國ＡＰＭＡ[18]（美國藥品研究與製造商協會）認證！幾乎是美國每個家庭的專業足部護理師。

這裡運用了借勢權威「足科醫師」、「美國藥品研究與製造商協會認證」和暢銷「一萬五千名」、「全球六大洲二十多個國家」、「美國每個家庭都在用」。前者利用了人們對權威人士的「社會認同」心理，後者利用了「從眾心理」。

需要說明的是，很多人經常說「獲得美國某某認證」，但很多人對所謂的英文縮寫並不知道是什麼意思。本文案就進一步給出解釋「美國藥品研究與製造商協會」，把專業權威翻譯成了大眾權威，讓顧客秒懂權威的含金量。

方法三：拔刺

我不敢誇下灰指甲消除液十幾天就能長新甲的海口，我所學的生物知識告訴我，人的指甲平均的長度為十六公釐，生長速度是每天〇．一公釐，完全長新甲大約是五個月左右，十幾天長

---

18 Pharmaceutical Research and Manufacturers of America，縮寫為ＡＰＭＡ。

新甲可能嗎？

灰指甲液也同樣做不到，兩個月是一個護理週期，它的去除過程是這樣的：五至十五天清理病甲部位，抑制細菌滋生重生；二十至三十天消滅患處真菌群；四十至六十天阻止真菌重生和再次繁殖；七十天以上見證灰甲掉落，新甲冒頭！

什麼是**拔刺**？簡單來說，就是**把顧客會指控的話題先主動提出來**。這樣做的原因是，當最嚴厲的指控被放到檯面上之後，對話就能引導到解決事情本身了。當你大聲說出對方可能的指控後，很可能在無形中引導了對方為你辯護。

市面上很多灰指甲產品都在打「快速長新指甲」，但很多顧客已經上當受騙很多次了。本文就比較特別，他先告訴你「他家產品不會十幾天長出新指甲」，並用生物知識給出專業解答，凸顯其專業形象。正因為這樣，顧客才會下意識的為他辯護，並相信這個產品是科學的，而其他「宣稱快速長新指甲」的產品都是騙人的。而且顧客還會覺得他很真誠，進而對他推薦的產品產生好感和信任。

方法四：效果對比

手指呈灰白色，又厚又硬，塗在指縫、甲床處，讓灰指甲液滲入甲根殺菌抑菌，長出的新甲和健康的指甲完全一樣！

人們的大腦對前後效果對比的全景圖更敏感，所以，儘管灰指甲的圖片很不美觀，但小編呈現出效果對比圖，讓顧客直接感受到它的效果。

另外值得借鏡的是，除了使用前和使用後的對比圖，還按時間軸給出了使用不同時間的變化過程。一來更真實，二來也更容易引發顧客的代入感，讓他聯想到自己使用產品後一天天恢復的情景。

方法五：事實證明

這款灰指甲專用液的主要成分是一％托萘酯、蘆薈凝膠、維生素E、丙酮、丙二醇。不要一看見化學文字就嚇跑。

首先，這些成分在裡邊的用量是經過千萬次實驗資料得來的；其次，含量都非常少！pH酸鹼度測試結果為五至六，接近人體的pH酸鹼度，請你放心。既然告知可以直接塗在指縫處，就間接表明安全！

這裡再一次利用了拔刺的套路，先主動提出顧客會懷疑、指控的問題，並透過pH試驗的結果證明產品成分是溫和安全的，化解顧客的疑慮。

方法六：認知對比

市面上眾多的灰指甲液需要塗抹後包裹起來，這樣很影響日常行動吧！尤其是冷天穿著厚襪子、大棉鞋，腳趾上貼上厚厚的膠帶，走路一拐一拐，別提多難受了！這款灰指甲液的又一個優點就是，塗在患處五秒速乾，不用包裹，不影響日常生活，超級方便！

這裡又打出了一個賣點——速乾。但它沒有直接喊出來，而是透過認知對比，先指出市面上其他競品使用不便，塗抹後需要包裹，並指出給顧客帶來的具體麻煩。緊接著，再說明產品五秒速乾，不需要包裹，就顯得產品使用起來格外方便，進一步激發顧客的購買欲望，並讓顧客相信這款產品是解決灰指甲的最佳方案。

〈技巧四：利用社會認同，引導馬上下單〉

一瓶三十毫升，根據一天兩次、每次四下的用量估算，這瓶夠你用到指甲換新成功，買一瓶就能解決頑固灰指甲，不用想就很划算。

灰指甲難治眾所周知，這瓶灰指甲剋星在美國火了這麼多年，解決千萬人的腳部問題。如果你有同樣的煩惱，它能幫你徹底解決，趕緊試試吧！

消費者什麼時候願意付錢呢？答案是收益大於成本的時候。所以，這裡先透過嚴格的用量估算，告訴顧客一瓶就可以解決灰指甲問題，透過塑造產品價值，讓顧客覺得收益很大，進而降低花錢的難度。最後，再次強調產品在美國很暢銷，而且已經解決千萬人的腳部問題，顧客就會覺得「都幫千萬人解決問題了，肯定也能幫我解決問題」，進而刺激買單。

POINT

爆款文案

- 故事痛點開場範本：S情境——由目標顧客熟悉的情景、事實引入，這裡包含著顧客的痛點。C衝突——實際情況往往和我們的要求有衝突，這裡包含痛點不解決可能導致的嚴重後果。A答案——給出正確的解決方案，一般是觀點或產品。
- 拔刺：就是主動提出來顧客會指控的話題。當最嚴厲的指控被放到檯面上之後，對話就能引導到解決事情本身，讓顧客覺得你很真誠，也更容易獲得顧客的信任。比如，成分是化學成分、效果不會立竿見影等。
- 效果對比：在寫功效型產品文案時，除了給出前後對比，最好還要給出使用不同時間的變化過程。這樣不僅更真實，也能讓顧客聯想到自己使用產品後一天天恢復的情景，進而刺激顧客做出購買決策。

案例 3

防彈咖啡熱銷全球，其實只用這一招

標題：三十九歲高圓圓美成十九歲！明星靠什麼保持身材？真正原因……我給你們找到了！

爆款詳情：單週銷售額一百萬元。

關鍵字：挖掘痛點、打造暢銷、塑造人設。

先思考一個問題：創業時如何選品，才更容易成功？

我研究很多爆款案例之後，發現它們有一個訣竅：就是跟風。什麼意思呢？如果在一線城市，可以了解國外正在流行什麼，然後參考它的概念做產品；如果在二、三線城市，就了解一線城市正在流行什麼，參考著選產品。這樣能讓你少走彎路，也更容易成功。

本節拆解的防彈咖啡就是在國外流行的背景下，快速在國內火起來的產品。我研究了這篇文案，發現除了選品有優勢外，賣貨文案也很打動人心。

〈技巧一：蹭明星快速吸引眼球，年齡反差＋設置懸念吸引點擊〉

這是一個典型的懸念型標題，其中有以下三個亮點。

第一，**借勢明星流量**。需要說明的是，這裡用得非常有技巧，透過數位年齡製造反差，凸顯明星好的一方面，迎合目標顧客的八卦好奇心。

第二，**疑問＋省略號，製造懸念**。懸念一：明星靠什麼保持身材？具體是靠什麼沒有說，想要了解答案，就要點擊標題看正文。懸念二：原因是什麼呢？還是沒有說，透過省略號讓顧客產生好奇，想要了解答案，還要看正文。

第三，**人稱代詞，拉近顧客距離**。在寫標題和文案時，多加入人稱代詞「我」和「你」，就會讓顧客覺得在和作者聊天一樣，也更容易吸引注意力，引發共鳴。

懸念型標題就像一個**鉤子**，吸引讀者忍不住點擊閱讀正文。懸念型標題中，常用的關鍵字有「**竟是這樣**」、「**居然**」、「**如何**」、「**什麼樣**」、「**這一個**」、「**這一招**」、「**它**」等，而且一般還會**加上省略號**、**問號**等。

〈技巧二：理清四個要點，激發顧客需求〉

我們先來思考四個問題：

第一個問題：咖啡的目標客群有哪些？

①小資，追求生活情調和品味。②職場人，用咖啡來提神醒腦。

第二個問題：生活中喝咖啡的場景有哪些？

①茶歇消遣。②加班提神。③早起消水腫。

第三個問題：平時喝咖啡時，你最擔心的問題是什麼？也就是顧客的痛點。

相信大多數人的答案都是這兩個點：①怕胖。②怕晚上睡不著。

第四個問題：關於這個話題，能用的素材有哪些？

高圓圓微博晒咖啡的素材。

我們的目的就是要透過素材的加工，激發目標顧客對防彈咖啡的關注和興趣，吸引他繼續閱讀原文。明白了以上問題之後，接下來看看具體要怎麼寫。

> 高圓圓一直是很多人心目中的女神，三十九歲還能保持著十九歲的美貌與身材，著實讓小編羨慕啊！女神本人也說過，保持身材最重要的就是飲食方法，每天要讓卡路里保持在一定的範圍內。關注她和工作室的微博不難發現，除了一般的蔬果之外，高圓

圓保持身材和美貌還有一大祕笈——咖啡！

其實，咖啡不僅僅是一種飲品，更是美好品質生活的一種代表。無論是貝多芬這樣的音樂大師，還是伏爾泰這樣的文學大家，他們的生活都離不開咖啡。甚至不誇張的說，咖啡是他們的靈感來源。著名音樂家巴赫[19]就曾經說過：「早上不喝咖啡的話，我就像塊乾癟的烤羊肉。」

作為一個經常加班的新媒體人，咖啡是小編生活中的不可或缺。睜不開眼的早晨，泡一杯咖啡，小小啜飲一口，心滿意足的小口喝，大腦活過來了。

因為沒時間、口袋沒錢又受不了酸澀口感，我一般會直接購買市面上能買到的即溶和瓶裝咖啡，雖然口感順滑很多，但糖分含量也著實上升不少。這麼高的熱量，大腦是清醒了，肥肉也找上門了。現在又是夏天，出門隨時能看到水水的漂亮姐姐，長腿、美背、小蠻腰、性感鎖骨，又瘦又好看。再摸摸自己腰間的游泳圈，捏捏會抖動的雙下巴，真是悲從中來，可不能再喝熱量這麼高的咖啡飲品了。

然而，堅持幾天不喝咖啡，我又覺得工作效率大打折扣，迫切需要一款喝了不會長胖、口感順滑、又方便沖泡的咖啡！

19 約翰．塞巴斯蒂安．巴赫（Johann Sebastian Bach），巴洛克時期的音樂家。

透過女神高圓圓、音樂家貝多芬、文學家伏爾泰對咖啡的鍾愛，從正面喚起人們對咖啡的需求。結論就是：美好品質生活＝咖啡。

這時候，顧客可能會說：「我就是普通上班族，沒有那麼多閒情雅致品咖啡」。接下來，就透過日常的生活場景——加班、早起睡不醒等負面場景，進一步激發目標使用者對咖啡的需求。

發現了嗎？其實這裡用到的也是一正一反，**先透過正面案例激發對美好生活的嚮往和憧憬，再給出負面場景刺激改變的欲望**。

但對於普通人來說，買咖啡的首要選擇管道就是超市。所以，小編就非常聰明，用第一人稱的角色替顧客表達出心聲「沒時間、口袋沒錢又受不了酸澀口感，我一般會直接購買市面上能買到的即溶和瓶裝咖啡」。緊接著，透過認知對比，指出競品的缺點，進而激發顧客尋找新的解決方案的欲望，也就是購買新型防彈咖啡的欲望。

注意，這裡就用了兔媽一直強調的——與競品對比時一定要客觀、真實，而不能盲目打擊競品。常見的競品有：普通的即溶咖啡和瓶裝咖啡。先指出競品的優點：便宜、口感順滑。再指出競品的缺點：糖分多、熱量高、易肥胖。這樣就顯得很真實、客觀，也更容易讓顧客接受。

但如果只說長胖的話，並不能引起顧客重視，因為他腦海裡沒有具體的場景。這裡就做對了，不但借勢夏天的季節熱點，指出長期喝熱量高的咖啡會出現的痛苦場景「腰間的游泳圈，捏捏會抖動的雙下巴」，並且與又瘦又好看的人形成強烈對比，非常有畫面感，刺激目標使用者主動拒絕掉競品，順著作者的思維，尋找新的解決問題的辦法。

整個過程很緊湊，也很通暢。下一步要做什麼呢？

介紹防彈咖啡的賣點和特色嗎？千萬不要！如果直接推薦產品，顧客會覺得你只想趕快賣產品給他，會覺得上當了，很反感。正確的做法是**製造流行，進一步激發目標使用者對防彈咖啡的好奇**。

〈技巧三：權威＋暢銷＋顧客回饋，製造流行激發欲望〉

這是一款減脂提神飽腹三合一的神奇咖啡，頗受好萊塢眾明星的追捧。

型男小貝之所以在退役之後還能保持著這樣的好身材，除了日常的運動健身外，他還有一款「神器」加持，那就是防彈咖啡，手上的橙色杯子就是啦。

《變形金剛》（*Transformers*）的女主梅根・福克斯（Megan Denise Fox）也是防彈咖啡的忠實用戶，她第一胎懷孕時胖了十多公斤，靠喝防彈咖啡，配合運動，兩個月瘦回模特身材。美國女演員雪琳・伍德莉（Shailene Woodley）在上《今夜秀》（*The Tonight Show*）節目時大方表露：「防彈咖啡會改變你的生活！」主持人吉米也說：「這咖啡簡直太美味了，然後它對你身體還有益，對你的大腦也很有好處。」

《超人歸來》（*Superman Returns*）演員布蘭登・詹姆斯・勞斯（Brandon James Routh），在喝過防彈咖啡後就表示：「相比以前，我現在的精神簡直好極了，臺詞就好像刻在我腦子裡了一樣，需要哪段說哪段。」

畢竟這樣口感味道一流，還能減肥的咖啡，想不紅都難，現在它已經成為品質生活的標配。在ＩＧ上搜防彈咖啡的英文名「Bulletproof Coffee」，竟有超過十八萬＋的真人秀照片！這還不包括其他的周邊 tag！

很多人透過自己ＤＩＹ防彈咖啡成功瘦下來的經歷更是讓人看了心癢癢的，躍躍欲試。最過分的是此人！她晒自己喝了防彈咖啡以後褲子小了三個碼！

有好萊塢巨星實力推薦（權威），在ＩＧ社群上引起話題（暢銷），用戶喝完瘦身成功（用戶回饋）……。

給我們的啟發是：在向顧客推銷產品時，先不要急著推銷產品，而是先告訴目標顧客很多人都在用，都說不錯，明星大咖都愛，**讓顧客覺得這款產品很流行，他就會解除戒備心理**。而且人性的從眾心理也會促使目標顧客對這款產品更有欲望，並忍不住想要進一步了解產品賣點。

目標顧客內心的欲望已經被激發出來了，接著下一步就要講述事實、擺出證據，贏得他的信任。

〈技巧四：打造專家人設，引發情感共鳴〉

防彈咖啡為什麼這麼厲害？

防彈咖啡的創始人，可不是什麼咖啡大師，而是矽谷雲計算創業家戴夫．亞斯普雷（Dave Asprey）。

曾經年僅二十多歲的戴夫為谷歌工作，曾出售過一個公司，據說到手就是六百萬美元。

可是這種矽谷大神＋富豪，身形卻重達一百三十六公斤。因為肥胖導致的倦怠和膝蓋的疾病，促使他下定決心改變。他一週健身六天，每天一個半小時，仍不見改善。

在一次偶然的西藏之行中，他品嘗到了當地流行的酥油茶，這種飲品幫他克服了嚴重的高原反應，在旅途中一直精力充沛。回到美國後，他將茶這個載體換成了咖啡，加入了奶油和椰子油用來代替糖，研製出了口感比酥油茶要好很多的防彈咖啡。

戴夫本人表示靠防彈咖啡他已成功減重約四十五．四公斤。他說：「我的能量改變了，大腦改變了，我更能集中注意力，想東西也更快了。」戴夫沒有藏私，二〇一四年年底，他出版了《防彈飲食》[20]（*The Bulletproof Diet*）一書，公布了防彈咖啡的配方以及相關的科學原理，在美國狂銷幾十萬冊。

透過塑造創始人的人設，贏得人們的情感共鳴和信任。這裡的人設就是：矽谷大神＋富豪＋胖紙＋肥胖導致的亞健康[21]。透過這些細節經歷，讓主人公真實的展現到顧客面前，也更容易讓目標顧客產生代入感，並給讀者一種積極的心理暗示「主人公靠防彈咖啡成功瘦身，改變了亞健康，我肯定也可以」。

人設的本質是透過讀者對主人公經歷的共鳴和信任，反過來為產品背書。這也是很多產品推文經常用到的創始人人設賣貨的技巧：

主人公或親密的人遇上某個嚴重問題＋尋找解決問題路遇坎坷＋某個契機找到靈感＋ 主人公創業攻克難題。

這是塑造人設的四個核心要素，如果你的產品想透過打造人設銷售，一定要先把這四個關鍵點整理清楚，然後再填充，你會發現順暢很多。

延展知識點：如何用人設賣貨？

什麼是「人設」？

簡單理解就是：你以什麼身分和誰說話？你以什麼樣的身分向目標受眾展示？也就是作為一個產品，搞清楚我們的文案以一個什麼樣的「人設」與使用者對話，使用者才會喜歡。

為了方便理解，我來舉兩個例子。

案例一：吹風機

這款吹風機的發明者叫林源，是一個徹頭徹尾的理工男。

林源曾就職於無人機製造廠商大疆科技公司，參與研發過多款產品，期間拿下十餘項技術專利。從公司離職創業後，林源開始研究吹風機。

他拆了市面上幾乎所有的吹風機，發現吹風機已經幾十年沒有技術更新了。

很多高價吹風機依然是不變的結構，加熱不精準。同樣的模式，在北方寒冷環境下

---

20 中文繁體版由活字文化出版。

21 指人處於健康和疾病之間的一種臨界狀態，人的心理或身體處於混亂，但並沒有明顯的病理特徵。

使用可能只有七十度，在南方炎熱環境下就會到一百二十度……。

這是研發人的人設，在賣貨文案中也是最常見的方式。這裡凸顯的是「理工男」、「無人機研發」，這樣的人有什麼特點呢？就是特別專注認真、精益求精、注重細節。顧客就會覺得：他研發的吹風機是按照無人機的品質和要求，這樣的吹風機會差嗎？突出產品的品質可靠，進而贏得顧客的信任。

這種人設的重點在於研發人做這件事的態度上。比如，是為了孩子研發的，是為了老婆研發的，或者是為了做這件事，花費了多少財力、物力和精力。透過主人公的價值觀，獲取顧客的好感，並打動讀者用購買產品的方式，為主人公按讚和投票。

案例二：防晒霜

作為成分黨，我研究了一下盒子上的成分，有意外驚喜。

它裡面含有二氧化鈦（Titanium dioxide，廣泛用於防晒化妝品，牙膏和藥品上），採用的是物理防晒，在肌膚形成保護膜，阻擋紫外線進入肌膚。

還有丁基甲氧基二苯甲醯基甲烷，採用的是化學防晒，吸收遺漏的紫外線，有效組織UVA（Ultraviolet A，波長較長的紫外線）對表層肌膚的傷害。

物理防晒＋化學防晒，塗一層，擁有雙重保護，防晒力超好。

這段用的是體驗者人設，也就是小編，這也是賣貨文案中常見的人設用法。但這裡的小編，不是普通的使用者，而是行家，是挑剔的美妝達人、博主。

他的言外之意就是，我這麼挑剔的美妝博主已經幫你研究、確認過了，產品是有品質保證的，是經得起考驗的，進而贏得顧客的信任。

達人人設的重點在於對產品的剖析和體驗上，比如把皮鞋用剪刀剪開讓你看，體驗完產品是什麼樣的感受，體驗過程是什麼感受，或者是實際走訪該產品生產工廠，揭露廠家的生產環境等。

必須說明的是，這裡需要公平公正的描述，且有親和力、口語化，也就是講人話。這樣才能獲得顧客的信任，讓他相信你是公正的法官，是為了他好、對他負責，而不是為了急於賣產品給他。

POINT

爆款文案

- 懸念性標題常用的關鍵字有竟是這樣、居然、如何、什麼樣、這一個、這一招、它等，而且一般還會加上省略號、問號。
- 寫開場白的四點思考：產品的目標客群有哪些？生活中使用產品的場景有哪些？顧客的痛點有哪些？關於這個話題，能用的素材有哪些？然後，根據這四個問題組合可以用的素材。
- 打造創始人專家人設的範本：主人公或親密的人遇上某個嚴重問題＋尋找解決問題路遇坎坷＋某個契機找到靈感＋主人公創業攻克難題。

3 高潮正文三分鐘，顧客掉入欲望陷阱

案例1

高單價的土蜂蜜，如何賣到脫銷、連文案大神也按讚？

標題：別亂喝蜂蜜了，天天喝蜂蜜，十五天後結果竟是這樣……趕緊看看。

爆款詳情：一百三十八元／斤，轉化率預估五％以上。

關鍵字：土蜂蜜、講故事、認知對比、錨定效應。

一斤（按：中國一斤等於五百克；臺灣一斤〔臺斤〕等於六百克）蜂蜜一百三十八元，比市面上的價格高出幾倍，文案怎樣寫才能賣脫銷？讓顧客不覺得貴呢？本節，我們來拆解這篇讓無數文案大神都按讚的蜂蜜文案。

〈技巧一：設置懸念，引發好奇點擊〉

這是典型的好奇懸念式標題。它就像一個鉤子，讓顧客忍不住想點進去了解情況到底是什麼樣？具體來說，好奇標題常用的方法有以下四種。

第一，正話反說。

第二，把不可能說成可能。比如，美容院凸顯效果好，把老婆帶來，我們給你換個新的。

第三，打破已有認知。比如，網購平臺，會敗家的女人更幸福！

第四，採用問句標題。

好奇標題中常用的關鍵字有竟是這樣、居然、如何、什麼樣等，而且一般會加上省略號、問號等。另外，為了抓住目標顧客的注意力，大多數情況下會配合數位、誇張等技巧一起來用！常見的也會用反問來表達。比如：

- 一塊來自死海的國寶級皂，如何一分鐘征服所有毛孔垃圾？
- 用一次＝敷一百張面膜？什麼樣的安瓶可以讓你省掉一年面膜？
- 決定你看起來老不老的祕密，就在於你不曾留意的這條線！

人們天生都有獵奇心理，好奇就像一個磁鐵，能吸引著客戶點擊原文尋找答案。所以在寫標題時，如果產品在某個功能方面比較有特色，可以提煉出來，用好奇的形式表述。

〈技巧二：用人物故事，引發興趣〉

> 我是小王，五年前，我大學畢業，從事一項獨特的工作：在懸崖上養蜜蜂……你可能覺得這不可思議，但這是真的……我想跟你分享一些匪夷所思的事情……它們非常有趣。
>
> 我為什麼要在懸崖上養蜜蜂呢？事情是這樣的：我出生在陝西秦嶺太白山的一個農村，大學畢業之後，一次偶然的機會，我去太白山一個峽谷探險，我發現了叢林深處的一個祕密：而且，僅僅三十分鐘之後，我身體出現了變化，大便瞬間通暢了……。
>
> 這件事一直留在我心裡，後來我終於發現了這其中的原理：木頭中間是空的，蜜蜂以為是天然的巢穴，於是它們在裡面築巢釀蜜，而峽谷的溪水為蜜蜂提供了天然的水源，滿山遍野的雜花野花是蜂蜜最佳的蜜源，所以這種蜂蜜才會有奇異的味道。
>
> 想明白了這些之後，我和家人做了一件大膽的事情。

開頭是整個故事的背景，短短三百多字訊息量卻很大。

首先，「在懸崖上養蜜蜂」這件事與大多數人的認知是不符的，更重要的是，他用對了這一系列鉤子句子，比如「我想跟你分享一些」、「在懸崖上養蜂」、「匪夷所思」、「為什麼要在懸崖上養蜜蜂」、「事情是這樣的」、「我發現了一個祕密」、「做了一件大膽的事情」，這些句子就像一個個鉤子一樣勾著顧客一直讀下去，就像串珍珠的繩子，動了第一顆珍珠，就會一連串受影響，從而一直讀下去。

這對我們寫賣貨文案有什麼啟發呢？就是段落銜接。

很多小編說：每次寫貼文，段與段之間感覺連貫不好、很生硬。如果你也存在這樣的情況，就可以多用一些類似的「鉤子句子」。

例如下頁表5。

這就像拋下了一個鉤子，讓目標使用者忍不住一直讀下去，看看接下來到底會發生什麼。所以在以後寫貼文時，你可以在邏輯梳理時或段落銜接處用上這些詞。

另外，需要說明的是，除了有勾人的文字，還要有與之匹配的照片。

就像這篇文案，如果沒有主人公懸崖上採蜜的照片，很難獲取顧客的信任。所以，一定要重視圖片素材。

表 5　鉤子句子範本

- 看到以上這些例子，你將發覺……
- 猜猜怎麼了？
- 畢竟……
- 儘管……
- 被我說對了吧？
- 正如我所說的……
- 你看這個……
- 現在你可以……
- 那麼現在……
- 這只是我們所為你準備的一小部分。
- 當然，這只是個開始……
- 這只是開端。
- 然而，並不僅僅是這些。
- 結果呢？
- 然而，這只是冰山一角。
- 那麼，如果我可以，會怎麼樣呢？
- 當我們忙於的時候……
- 哦！是的，我們不要忘記了……
- 不管怎麼樣……
- 我們瘋了嗎？
- 結果……
- 正如我所曾說的……
- 正如你可能記得的……
- 繼續閱讀，我將告訴你關於……
- 在那時……
- 相信我……
- 更好的是……
- 但是，在我們討論這些之前……
- 但更棒的是……
- 但還有更好的……
- 但請不要誤解我……

〈技巧三：擺事實、講道理，證明對用戶受益〉

方法一：製造稀有＋費時費力

每年到了五月左右，開始取蜜，一桶只可以取到十多斤蜂蜜。可惜，總有意外發生，因為峽谷時不時山洪暴發，如果木桶放的位置比較低，就會被無情的沖走……所以，每一年，我們將賣蜂蜜的錢都用於添置新的木桶，和父母辛苦的把這些木桶背上懸崖……直到放養了上千桶。

每一年到了收穫的季節，就是我們最開心的時候，我把它從懸崖上小心翼翼的取出來，裝進水桶，然後提回家。接下來我開始榨蜜，將蜂巢放入簸箕，搗爛，讓蜜流入盆裡，再透過第二次過濾，最終就是可以食用的蜂蜜了。

這段描述了採蜂蜜的過程，增加真實感。另外，「一桶只有十多斤」、「有時還會發生意外、從懸崖上取下來」，突出產品原料的稀有性和製作的費時費力。

不但要花費大量物力成本購置新木桶，還要花費大量的人力成本（和父母辛苦背上懸崖，收穫時再從懸崖上取下來），透過「匠人精神」和「情懷」贏得顧客情感上的認同和好感。但文案沒有直接說「我們不顧生命危險」、「我們多麼用心」、「花了多長時間」，而是換了個角度，從細節上**凸顯出這個過程中會遇到的困難和挑戰，以及應對困難和挑戰要花費的成本**，讓顧客自己去領悟過程的不容易，感受到主人公為了一罐純天然蜂蜜付出的代價和匠心。

通常來說，人們普遍會認為：生產一個好產品，花費的成本越多得來的東西就會越好。所以，這也是為什麼各種手工麵條、手工月餅、手工紅糖、手工皮鞋等，只要加上「手工」二字，就比普通產品貴，而人們也更願意買單。

比如，我曾經寫過一篇野生藍莓汁的文案，就用到了三個費時費力的細節。

第一，尋找原料費時費力。為了找到營養價值最高的野生藍莓，深入叢林。那裡極度炎熱，而且蚊蟲肆虐，就算穿著防晒衣、帶著防蜂帽也仍被各種毒蚊子和蟲子咬出紅腫的大包，甚至還有被蜱蟲[22]咬喪命的風險。這樣一天下來卻只能採摘到十多斤藍莓。

第二，尋找廠商費時費力。接下來就是洽談生產廠家的過程。為了保持藍莓的營養活性和較好的口感，找了很多廠家，在談判過程中遇到了很多問題，小廠家技術達不到、大廠家又提出了很高的要求。

第三，配方製作費時費力。打樣了一百多次，浪費了幾萬元的野生藍莓，最終定下配方。

這給我們的啟發是：想一想你在打造產品過程中有沒有費時費力的細節，真實、客觀的把

22 一種八隻腳的節肢動物，蜱蟲靠吸食脊椎動物的血維生，從幼蟲開始就具有吸血能力，包括鳥類，貓狗及人類均可能被其叮咬。

它描述出來。這些細節就像一部微電影，把你做這件產品的艱辛和挑戰真實的呈現在顧客眼前，這種細節可以是訴諸感動、訴諸情懷、訴諸勵志等。

方法二：揭露行業內幕，打造專家人設

不過，這些採收下來的蜂蜜，我們賣給了誰呢？

我最初的想法是如果有人能品嘗到我的蜂蜜，他一定會流連忘返，一定會在內心稱讚我，雖然他不知道我是誰。

但是後來我才發現，這麼好的蜂蜜，實際上並沒有到消費者手裡，它們被收購公司收走，然後進入了工廠，和那些劣質的蜂蜜、白糖、糖漿混合在一起，製作成各種亂七八糟的蜂蜜，然後進入各大超市，賣給那些不懂行的消費者……。

這點讓我很生氣，你可能無法體會那種氣憤，這些懸崖上的木桶是我們一步一步背上懸崖的……你也知道其中的辛苦……一怒之下，我開始拒絕將蜂蜜出售給收購商。

可是，我很快發現，收購商摻雜摻假也是有原因的。因為，當他們賣給零零散散的客戶時，他們其實承擔了巨大的銷售成本，這些成本包括店鋪費用、行銷費用、包裝費用、人工費用。

> 於是，他們只有兩個選擇。要麼是賣一個高價，一斤賣兩百六十元只能保本，兩百六十元以上才能有微薄的利潤。但是很明顯，這種價格過高，只有少部分人願意花這麼高的價格購買。

這段話是**站在一個行家的角度揭露行業內幕，目的是打造專家人設，獲取顧客的好感和信任**。但是要注意，這裡並沒有赤裸裸的批判，而是訴諸情懷和感性，因為人們有非理性的一面，就像一個老藝人看到自己辛苦經營的行業規矩，被不法商人破壞的那種心痛，塑造出了一個有責任心、有良心的養蜂人的人設。

最後指出市面上的蜂蜜商人之所以這樣，是因為要支付各種成本，也是無奈之舉。暗示顧客平時在超市買蜂蜜，花了高價錢卻沒有買到等價的商品，是非常不划算的，只是額外付了房租、行銷成本等。這樣就會促使顧客在他這裡買一手貨源的土蜂蜜。

另外，兩百六十元一斤只能保本，其實是提前埋下一個價格錨點。這樣的好處是，讓顧客最後看到一百三十八元一斤，會突然覺得很划算。

給我們的啟發是：在平時用「揭露行業內幕」打造專家人設時，**不能赤裸裸的抨擊，而是要表示感嘆和理解，再指出問題**之所在。這樣可以塑造有責任心、有人情味的專家人設，獲得顧客的信任和好感。

因為很多顧客原本也知道便宜沒好貨的道理，他尋求新的產品，也肯定有對競品不滿意的地方。但如果你完全否定了他原來的選擇和判斷，就算最後顧客買了你推薦的產品，心裡也會不舒服。所以，你要告訴他這種產品儘管有各種不好，但它便宜。只是你現在這個情況，更適合我推薦的這款，並告訴他為什麼。只有這樣，顧客才會滿心歡喜的選擇你推薦的產品。

〈技巧四：講故事＋價格錨定，引導下單〉

除了文案直接轉化，更重要的是它透過拼團（按：多人購買同一個物件，類似團購）引流，把客單價做到最大，並讓客戶實現多次回購。

方法一：價格錨定＋暢銷

但是，我也發現了另外一個事實：偶爾，有一些人來峽谷旅遊，他們臨走的時候會購買我的蜂蜜，一斤的價格是兩百八十八元。在他們購買之後，神奇的事情發生了：在以後的歲月裡，其中的一部分人會回購我的蜂蜜……。

於是，我決定成立一個俱樂部，採用會員制的供應方法，以極低的價格供應……原價賣兩百八十八元一斤，針對會員賣一百三十八元一斤。

因為會員價太低了，所以起初我招收會員的時候，需要每人收取兩百元會員費，並要求一年購買三次以上……去年我招收了三百五十八名會員。結果大部分會員平均購買超過十五斤以上的蜂蜜，這讓我大為震驚……原來識貨的人還是占多數的……所以，現在我招收會員的方式是不收會員費。

這裡設置了三個錨點：①兩百八十八元一斤的單價。②兩百元會員費才能享受一百三十八元的價格。③會員有一年購三次的要求。當顧客腦海裡有了這個錨定價格，然後他突然說「現在我不收會員費，也不限制一年購買幾次」，顧客就會覺得這個機會好難得。反之，如果沒有這些錨定，而是直接報價，就很難促使顧客採取行動。

另外，這樣還暗示了產品的暢銷。比如，「在以後的歲月裡會回購」、「大部分會員平均購買超過十五斤以上的蜂蜜」，這裡用的是打造暢銷的回購技巧，並且透過顧客的回購回饋，間接證實產品品質可靠，以獲取顧客的信任。

方法二：化解顧慮＋退貨保證，獲取顧客信任

此時，大部分顧客已經被打動了，但在決定要不要付錢的那一刻，理智占了上風。他會想：「比平時買的蜂蜜貴那麼多，真的有他說的那麼好嗎？會不會是廣告噱頭？」各種疑慮湧上來，就會阻礙顧客的成交決定。所以，還要主動化解顧客的疑慮。

第一次交易，你無須馬上支付貨款，你可以貨到付款。

我先發幾瓶蜂蜜給你（如果全家都喜歡蜂蜜，最多可以買三瓶），貨到之後，你開箱驗貨，確認無誤之後，你把錢給送貨的人即可，然後你來品鑑。

如果你覺得不好，隨時都可以找我退貨退款，我會不問原因，立刻退全款給你。你不僅可以貨到付款，不用擔心我是小商販不給你發貨。而且還可以開箱品鑑，不滿意，找我退貨退款。

總有少部分客戶因為各種原因拒收，這給我造成了很大的麻煩……有朋友建議我先收二十元的快遞費用，之後再發貨到付款的快遞……但是我選擇最大限度的相信我的客戶。

最終決定，在我發貨給你之前，你只需要支付我〇．一元的誠意費。

「如果拒收，來回需要二十元快遞費，但現在你只需要付〇．一元的誠意費。」運用錨定效應，讓顧客覺得這個機會很難得，而且透過退貨保證和貨到付款，凸顯主人公的誠意和主人公對產品品質的信心，也間接證明產品品質的可靠，進而打消顧客的疑慮。

方法三：認知對比＋用戶證言

因為它的功效比任何一種蜂蜜都要神奇：便祕了，只需要喝一小勺，幾十分鐘之後，大便就會瞬間通暢。

如果嗓子乾，或者有嚴重的咽炎，只需要堅持喝一週，馬上咽炎就完全好了，這真的很神奇……如果皮膚粗糙，那就堅持喝一個月吧，你會有驚人的變化，到時候皮膚會變得光滑細膩，你會變得容光煥發……如果你總是疲憊不堪，抵抗力差，堅持喝半個月，你會發現全年都不再生病。

「你家蜂蜜這麼貴？有什麼不同，對我有什麼好處？」讓他告訴你喝了這個蜂蜜，會獲得哪些好處，讓你想像到自己皮膚變美、大便變通暢的感覺。「我的母親幾十年的老胃病，僅僅堅持喝我的蜂蜜一個月，現在她的胃病痊癒了……。」其他的蜂蜜可以嗎？完全不能。因為我的蜂蜜有直接的調理作用。

首先，這段用到認知對比，指出市面上的蜂蜜沒有調理健康的效果，而這款可以，進而塑造產品的高價值。而且「為了擁有健康的好身體買蜂蜜」，這是正當消費，讓顧客無法拒絕。

其次，這段用到顧客證言，既能透過顧客的好評回饋進一步激發顧客的購買欲望，又能贏得信任，讓顧客產生「這麼多人吃了都有效果，我吃了肯定也有效果」的積極心理暗示。另外，土蜂蜜的特色是藥蜜（按：具有藥物的功效），可以輔助調理亞健康問題，所以顧客證言全都是圍繞「調理亞健康問題」的核心賣點來寫的。所以在選擇顧客證言時，一定要選能夠擊中目標顧客核心需求的證言。什麼算核心需求呢？就是顧客願意為之付費的需求。

比如，如果單說好喝、淋在麵包上好吃，普通蜂蜜也可以做到，為什麼要花一百三十八元買貴的呢？而調理亞健康問題是人們願意為之付高價格的核心需求，也只有這樣才會讓目標顧客感覺到一百三十八元一瓶的蜂蜜並不貴。

POINT

爆款文案

- 三十一種鉤子句子：在寫文案時，段與段之間多用鉤子句式，可以讓顧客盯上你搭建的文案話題，一直閱讀下去。
- 費時費力三個角度：尋找原料、尋找廠商、配方製作。另外，一定要具體、有數字、有細節，這樣才能增加真實感。

案例 2

比競品貴三倍，這三個字卻讓它稱霸傘界？

標題：德國變態發明，風靡歐洲，像手機一樣大！專治一種病叫「懶得帶傘」！

爆款詳情：客單價八十九元，一．六萬單，銷售額一百四十二萬元。

關鍵字：洞察力、挖掘痛點、需求排序、認知對比。

先來思考一個問題：為什麼原來受歡迎的產品，現在卻被擺在角落，乏人問津？為什麼原來有用的行銷方法，現在卻沒效果了？

就拿雨傘來說，對於父輩和祖父輩來說，什麼樣的雨傘最好？夠大，夠結實。為什麼？那時候，家裡普遍人多、孩子多，大的雨傘可以滿足一家人的需求。

比如，我和姊姊一起上學，兩人撐一把傘，完全不會擔心被淋溼。家裡人多，又不富裕，一把傘可以好幾個人用，滿足了當時便利和節儉的需求。結實，也可以用得更久。而且那時候的生活節奏沒有現在這麼快，出行也沒有現在這麼頻繁，真的遇到下雨，找個地方躲一會雨，也耽誤不了什麼事。所以，夠大、夠結實，才是好的！

但對於現代人來說，出門更頻繁，凡事都追求簡約化。即便看了天氣預報，但只要出門時沒有下雨，就不想帶雨傘。

所以，哪裡有需求，哪裡就有機會，哪裡就有訂單。那麼，如何挖掘出新的需求？學會多觀察你身邊人的生活方式。

有企業洞察到顧客這個需求變化，研發出了輕簡、好看，可以裝進口袋的迷你傘，滿足人們對便利的需求，因此而大受歡迎，一上市就賣爆了。

本節就給大家拆解這款火爆全網的迷你傘。

〈技巧一：爆炸新聞體標題，吸引眼球〉

好標題要滿足四個要素：①吸引人注意。②篩選目標使用者。③引導閱讀全文。④可量化的價值利益。根據這個標準，我們來分析這個標題。

「德國」、「變態」、「發明」、「風靡歐洲」，這些詞語都具有很強的吸睛效果。尤其是「發明」這樣的詞，讓人覺得這是一款我不知道的新東西，要了解一下。類似的詞還有「研發」、「最新」、「全新」、「發現」、「首發」、「首次公布」、「問世」等，利用的都是人們的好奇心和優越感。

「像手機一樣大」，透過具體的量化指標，突出了產品的差異化優勢，滿足人們對便利的需求。這款雨傘的核心賣點不是結實、防曬、速乾，而是小巧、便利。小到什麼程度呢？像手機一樣大，讓顧客秒懂。

專治一種病叫「懶得帶傘」，非常符合現代網路化的語言風格，更重要的是，這個痛點能夠引發目標顧客的共鳴。顧客會忍不住想「我就是出門懶得帶傘」，快速篩選目標顧客。

〈技巧二：熱點＋痛點開場，激發需求〉

小編最近的朋友圈炸鍋了，南部的朋友紛紛哭訴，未來的一個月，每天都有雨……連續幾個月每天都陰雨綿綿，簡直讓人崩潰！

出門不僅要檢查手機、鑰匙、錢包，更要帶傘！可是帶傘真的是件痛苦的事，因為又重又大還占地方啊！

小仙女們打扮得美美的，精緻的包包放不下又大又沉的雨傘！男士們出門更是連包都不想拿，恨不得什麼都裝口袋裡！

還要拿雨傘？這麼麻煩，恨不得淋雨算了！十個人裡面，九個都不愛帶傘。

可是，如果你有一把能夠裝進包包裡的傘，和手機一樣大、一樣輕的傘，是不是「懶得帶傘」就會被瞬間治癒？

這是典型的借勢天氣熱點的開場。對於這個開場白，相信很多顧客非常有共鳴，尤其是住在南部的人。因為我也在自己的朋友圈看到過類似的截圖和抱怨。這給我們的啟發是，熱點不一定非要是某官方平臺發布的，也可以是發生在你身邊的能夠引發目標顧客共鳴的事件。

然後，透過認知對比和ＧＩＦ動圖，突出傳統雨傘的不方便，「精緻的包包放不下又大又沉的雨傘」。而且還指出男士的痛點，「出門更是連包都不想拿，恨不得什麼都裝口袋裡，還要拿雨傘？這麼麻煩，恨不得淋雨算了」，這就用了講人話「替顧客表達」的方法，成功引發目標顧客的共鳴。

接下來，提出理想化的解決方案：如果你有一把能夠裝進口袋裡的傘，和手機一樣大、一樣輕的傘，是不是懶得帶傘就會被瞬間治癒，目標顧客就會忍不住好奇，真的可以放口袋裡嗎？進而忍不住翻到下一個頁面，繼續閱讀。

這裡需要說明的是，這部分認知對比沒有把競品的缺點都指出來，而是針對便利這個核心賣點，目的是凸顯產品小巧的賣點。

〈技巧三：講事實擺證據，贏得讀者信賴〉

顧客會懷疑：你推薦的產品真的可以做到這麼小嗎？這麼小的傘會不會淋溼呢？結實嗎？這是顧客腦海裡浮現的問題。接下來，就要一一證明這款雨傘可以做到，是最佳解決方案。只有這樣，顧客才能放心下單。

方法一：類比＋事實證明

手機大小，收起來只有十七公分。透過秤重測試，比手機還要輕。小到讓你不敢相信，這是一把傘！

如果單說雨傘只有十七公分，顧客是感知不到的。但手機天天在眼前，與手機大小類比，讓顧客秒懂產品的小巧。但顧客還會懷疑，這是真的嗎？

所以，要擺出手機和雨傘大小的對比圖，以及與電子秤的稱量對比圖，讓顧客清清楚楚的看到，真的和手機一樣大，而且比手機還輕，進而凸顯產品的核心賣點——方便小巧。

方法二：認知對比＋使用場景

市面上的傘折後基本都是圓的，但這款傘特有扁形外觀。時尚美觀，更省空間，就連褲子的口袋都可以輕鬆裝下，上下班、出差、逛街、旅行，多小的包都能輕鬆容納，再也不用負重累累！

與市面上的競品雨傘進行認知對比，凸顯產品的扁形外觀的設計，即便裝褲子的口袋裡也非常方便。接下來，透過上下班、出差、逛街、旅行四個非常常見的生活場景，凸顯產品給顧客帶來的好處，不用負重累累，很方便。

這也是我們在寫文案時，都可以借鏡的關鍵要點。在凸顯某個賣點後，可以用連結到目標顧客生活中的具體場景，讓他清晰的感知到這個賣點帶來的好處，這也是可量化收益的表達方法之一。

方法三：化解顧慮

別看這款雨傘迷你又便攜，撐開之後卻很大，完全不用擔心他的遮雨能力。打開後，傘下的直徑接近一米，再大的雨也不怕淋溼。

這時候顧客會擔心：這麼小的傘，真的能遮雨嗎？透過展示撐開雨傘的圖片，主動化解顧客的顧慮，贏得顧客的信任。

方法四：彩蛋賣點

防潑水傘布和德國精密的紡織技術，外層更是添加黑膠防水層，輕輕一抖，傘面立刻乾淨，不留一滴水。不用再擔心雨傘的晾晒問題，用完甩一下，可以直接放在包包裡。

除了方便，雨傘的晾晒也是一個問題，尤其是出門拜訪客戶，溼漉漉的雨傘很不方便。所以，展示速乾的彩蛋賣點，並透過GIF動圖展示，讓顧客眼見為實。而且「用完甩一下，可以直接放在包包裡」，這是我們強調的獲得感文案，就是凸顯速乾的賣點給顧客帶來的結果利益。彩蛋賣點進一步激發欲望，起到誘惑加強的效果。

在生活中，很多銷售高手也經常用到這一點。就是當產品有很多個賣點時，常常會隱藏一個賣點，當消費者決定下單時再告訴他，消費者就會覺得「買得太超值了」。

方法五：認知對比

有的傘平時看起來還不錯，但風一大，立馬被刮成各種奇形怪狀，讓你十分尷尬，還淋了一身雨。這款雨傘雖然迷你，卻可以力抗六級強風。

採用的升級版扁形傘架，在傳統傘架脆弱的部分，使用玻璃纖維傘骨，輕盈而堅硬，抗風能力非常好！

採用半機械、半手工的製造模式，傘面的製造及針織方法，都是由德國進口機器製造而成的。而傘架和傘骨，則是純手工一步步完成的。產品每經一道工序，都會一一檢測，合格率絕對是百分之百。

透過兩次認知對比凸顯產品防晒、結實抗風的超值賣點，進一步增加顧客的購買欲望。

其實，當產品有多個賣點時，你可以借鏡這篇推文的賣點排序方法。這把傘的核心賣點是方便小巧，次要賣點分別是速乾、防晒、抗風。

根據顧客對這些賣點的需求程度和頻率進行排序，然後用合適的表達方法（比如事實證明、GIF動圖、認知對比、使用場景等）描述出來。

延展知識點：認知對比／競品對比

認知對比是寫賣貨文案時常用的方法，它非常有效。但很多學員說，兔媽，我用了效果不明顯，還有很多人說這是「老王賣瓜，自賣自誇」。先不要懷疑方法本身，來看看大多數人寫競品對比時是怎麼寫的：

「市面上大多數產品都是用××廢角料做的，而我家產品全都是有機原料，生態健康，對人無任何副作用……。」

當然，這樣說要比直接說你家產品是有機健康更容易打動人，但大多顧客會想：「你怎麼證明市面上大多數產品是廢角料做的呢？你評判的標準是什麼？」這時候很多人就產生了懷疑，甚至還會說你「為了賣產品，不擇手段」。所以，這種初級的認知對比浮於表面，就像隔著衣服搔癢，只能打動一小部分顧客。

正確的做法是什麼？

要**給顧客一個評判標準**，而且這個評判標準在顧客的認知裡是成立的、客觀的。只有這樣，他才能聽進去，發自內心的覺得產品不錯，進而購買你推薦的產品。我來舉個例子：

「選擇鈣片，不僅要看它的含鈣量，還要看它是否易吸收。這款鈣片主要成分是檸檬酸鈣，人體對這種鈣的吸收率較高，是屬於非常容易吸收的鈣。市面上常見的碳酸鈣鈣片，需要在酸性環境下才能被吸收，而檸檬酸鈣不需要胃酸的幫忙就可以被吸收，不刺激腸胃。」

這個競品對比就很巧妙。首先，「不僅要看鈣含量，還要看吸收」就已經狠狠打壓了市面上很多主打高含量的鈣片了，比如那些「一片頂六片」、「高鈣片」之類的。而且推文提出了除了「含量」之外的又一個評判標準——「是否易吸收」，就顯得很科學、很客觀了。

其次，指出這款鈣片符合這個標準。不僅鈣含量高，而且易吸收，並給出原因——因為它的主要成分是檸檬酸鈣。最後，競品對比，指出市面上鈣片的成分是碳酸鈣，缺點是難吸收、刺激腸胃，進而凸顯產品格外好。

所以，它給我們的啟發是：不能無根據、無理由的盲目打擊，會讓顧客反感，當然也不會選擇你推薦的產品。

認知對比範本總結：

- 選擇……，不僅要看標準一，還要看標準二。
- 這款……，符合標準二。

● 市面上常見的……，而這款……。

潛臺詞就是：市面上大多數產品只做到了標準一，但這款產品既符合標準一，又符合標準二。顧客當然更青睞於後者。比如，美白面膜就可以寫：選擇面膜，不僅要看它的精華液含量多少，還要看它的成分。

〈技巧四：錨定效應，引導下單〉

迷你便攜、防雨、防晒、防風，多款顏色可以選擇，從此再也不會「懶得帶傘」。自己使用或送給親朋好友，都是一份時尚又貼心的禮物！德國發明，風靡歐洲的，迷你便攜扁形晴雨兩用傘。原價一百五十八元，春日限時特惠，只需八十九元／把。下單兩把，還可以減十元。

結尾用到了限時限量和價格錨定的引導下單技巧。另外，除了自用，還提醒送禮，讓顧客多了一份下單理由。透過下單兩把的買贈政策，拉高客單價。

POINT

爆款文案

- 美國廣告大師詹姆斯・韋伯・揚（James Webb Young）曾說：「創意新就是重新組合舊元素、新元素。爆品並不需要你完全創造，而是在原有產品基礎上去創新，進而滿足某些群體的需求。這離不開你日常的積累和觀察。」所以，可以去留意身邊人的需求和動態，提升自己的洞察力。
- 認知對比＋使用場景：在凸顯某個賣點時，首先透過與競品進行認知對比，然後連結到目標顧客生活中的具體場景，量化給顧客帶來的收益，激發購買欲望。

案例 3

小糖果靠網紅命名法，擊潰九〇%對手

標題：德國接吻糖，一顆從根源解決口氣，比牙醫還厲害！

爆款詳情：週銷售一．八萬單。

關鍵字：清新口氣、糖果、差異化賣點、產品命名、挖掘痛點。

請問：名字對一個產品到底有多重要？我們先來看兩個真實案例。

一個好名字能帶來更多發展機會。前段時間，中國歌手毛不易接下霸王防脫和某理財產品兩大代言，大功臣就是他的名字。

同樣，一個好的產品名能讓你獲得更多訂單，甚至轉虧為盈。我熟悉的一個客戶，他有一款產品是黃皮蘋果，吃起來脆甜多汁，但線上就是賣不動。結果把名字改成「黃金冰糖心蘋果」，一躍成為月銷十萬單的大爆品。類似的案例還有「水蜜杏」（按：像水蜜桃多汁的杏子）等。

你發現了嗎？這些好的產品名，很直接的體現出了產品的核心賣點，以及與競品的差異點。不但更好記，還容易產生傳播，所以也更容易脫穎而出，吸引目標顧客關注。

本節拆解的這款清新口氣的糖果，在同質化嚴重、競爭激烈的口氣清新市場中，就憑著一個好名字火爆全網。

〈技巧一：巧妙命名凸顯利益，對比認知凸顯效果〉

「接吻糖」，在吸引目標顧客關注的同時，也很好的與競品區隔開來。其實，接吻也是一種使用場景，讓顧客聯想到和戀人約會時就要準備好接吻糖。換了個網紅名字，顯然比常說的「約會來一顆」更有吸引力。

另外，「德國」凸顯產品進口身分，體現產品品質。因為對於大多數人來說，國外的產品就等於品質好。後半句指出產品的預期效果「從根源解決口氣」，透過與牙醫的認知對比，體現產品的效果強大。

〈技巧二：負面場景戳中痛點，認知對比激發欲望〉

當你面對一場甜蜜的約會，濃情蜜意正是 kiss 的好時機，要是你一開口就口氣薰人，就別怪對方拒絕你！

甚至，每逢職場面試、見客戶，還沒展現自己，一張口異味散開，你可能就被 pass

掉了！

講真的！在煞風景和毀形象這件事情上，口氣的殺傷力毫無疑問能排進前三。口氣已經嚴重影響到我們的日常社交，不解決它都不好意思在人面前講話。去口氣產品是剛需，只是漱口水太重，容易漏，不方便攜帶。口香糖嚼著累，一直咀嚼也會讓咬肌變大，導致臉看上去比較方，影響外表！

開頭直接寫約會場景，與標題呼應，讓顧客的注意力更集中。同時，還提到目標客群常見的另一個負面場景，就是面試、談客戶，並指出有口臭的嚴重後果──影響社交、錯失機會。

這是**典型的負面場景用法**，就是指出在顧客沒有這個產品時，可能會出現的麻煩和不方便。需要注意的是，文案沒有寫口氣不解決會得嚴重的牙病，甚至口腔癌這些用力過猛的點。而是鎖定關乎顧客當下利益的兩大場景痛點，更容易刺痛顧客，促使其產生購買欲望。

接下來，透過認知對比，指出傳統清新口氣的兩大競品「漱口水」和「口香糖」的缺點──不方便，咬肌變大影響顏值，激發目標顧客尋找新方法的欲望，也就是購買產品的欲望。

〈技巧三：講事實擺證據，證明對消費者有益〉

方法一：顧客證言

> 某薄荷糖可以說是一款「網紅」薄荷糖了，在網上廣受好評。味道清新，比超市便宜很多，去口臭，保持口氣清新。能隨身攜帶，乾淨衛生。薄荷的味道不重，可以當水果糖吃。

很多學員會說，顧客證言不都是放在引導下單之前嗎？其實，這並沒有一定的硬性規定。顧客證言是一種一箭雙鵰的方法，既能激發下單的欲望，還能贏得顧客的信任。具體要根據產品賣點和使用者的需求排序來定。

方法二：認知對比

> 普通口香糖和薄荷糖只能緩解口腔內的異味，其含有的蔗糖更利於口腔細菌繁殖，細菌在分解糖的過程中會釋放出硫化物，加重口臭。口腔中的致齲菌也會利用蔗糖產生酸性物質，腐蝕牙齒。
>
> 而這款無糖薄荷糖不含蔗糖，不加重口臭，還能進入嘴巴後迅速的在腸道內和菌群產生生化學反應，從身體內部溶解臭味。

這裡它打了一個賣點，可以從根源上解決口臭問題。但如果直接喊出來，顧客就會懷疑「你是不是自賣自誇呢？」即便相信你說的是真的，為什麼要在你這裡買呢？這篇文案就寫對了，**透過認知對比，先指出競品的缺點，再指出產品的優點**，進而顯得產品格外好，**激發顧客的購買欲望**。並透過原理解釋，讓顧客相信這款產品真能「從根源上解決口臭問題」。

方法三：使用場景

約會前來一粒，口腔無異味，被用戶貼心賜予「接吻糖」稱號。如果你有口臭、開車犯睏、暈車等表現或處在戒菸期，相信你一定會愛上它。

含有乾薄荷成分，三分鐘就能去除口腔異味。薄荷在口腔和胃部殺菌，達到去除異味和口臭的作用。有了它，大蒜、大蔥、榴槤……想吃就吃！薄荷還能助消化、緩解腸胃不適，抑制體內脹氣，特別適合消化不好、胃部有積食、胃泛酸的人。提神醒腦，超解睏。薄荷中含有薄荷精及罌寧等物質，吃到嘴裡像吸了冷氣一樣涼，嘶，好爽！

當你上課昏昏欲睡、上班精神不集中、開車犯睏時，吃一粒瞬間提神解睏！給長途開車的家人／愛人備一盒，在家等待的你也更安心。

緩解噁心乾嘔，防暈車。很多人坐車就是受折磨，暈車藥要提前三十分鐘吃，如

> 果忘記，一路都是想吐狀態。它能緩解乾嘔噁心症狀，一吃見效，防暈車。比吃暈車藥好，畢竟是藥三分毒，還是少吃為好。
>
> 代替戒菸糖，犯菸癮時必備；戒菸並不容易，依靠電子菸來戒菸，也很難擺脫對尼古丁的依賴，很多人戒菸都失敗了。而這款薄荷糖能當戒菸糖，不含尼古丁，犯菸癮時吃一粒，轉移想吸菸的注意力，漸漸就把菸給戒了。更令人驚喜的是，菸抽多了容易咽喉腫痛，吃顆薄荷糖，入口涼爽，緩解嗓子疼。

產品什麼時候用、如何用是個選擇題，但顧客天生愛偷懶，他根本不願意思考。所以，你要提前幫他規畫好，什麼場合可以用，顧客就會順著你的思路，覺得「生活中需要這個產品的地方還挺多，買一個就能在很多時候享受它帶來的好處和便利了」，也更容易下單。

除此之外，場景不但能刺激顧客下單，還能覆蓋更多目標群體，讓你有機會獲取更多訂單數量。比如，這裡的上班、開車、暈車、戒菸、咽炎等，就覆蓋了不同的群體，實現了擴大潛在使用者的目的。

方法四：事實證明

金屬鐵殼包裝，小巧便攜；透過德國進口全自動無菌機械生產，採用食品級金屬包裝，抗耐摔，拿著也很有質感。

一盒二十一公克，約三十五粒，一天兩粒，享受美味＋清新口氣。盒子大小約是 iPhone 6 的三分之二，可以隨身放包包、口袋裡，帶著出門很方便，做你二十四小時的口氣清新專家。

既然好處這麼多，帶著它方便嗎？顧客在下單之前，還會有各種顧慮，這裡主動告訴顧客攜帶很方便，並透過與蘋果手機的大小對比，證實產品的小巧方便。並配上單手開蓋的GIF動圖，凸顯開蓋方便的賣點。需要說明的是，這裡有個可以優化的點，就是開蓋方便對顧客有什麼好處呢？可以透過開車提神單手開蓋更安全，來凸顯這個賣點給顧客帶來的具體利益，促使顧客下單。

方法五：權威＋暢銷

透過國家品質檢驗，安全可食用。吃進肚子裡的東西，一定要安全、健康！這款薄荷糖可是經過國家質檢部門多重嚴格檢驗品質，品質是合格的，可放心食用！它在屈臣氏、沃爾瑪[23]等各大商超有售，因口味多、口感好，又能清新口氣、提神而備受歡迎，完爆口味單一的普通薄荷糖。

先分享一個行為學試驗：專業人士問一百多位買BMW的人，為什麼買BMW。得到的回答是：BMW車的性能更好，動力更足，坐著舒服。但事實上真正的原因是，有錢人都買BMW，買BMW可以體現社會地位和高貴身分。也就是說，他們做出購買決策時會受權威人士的建議和行為所影響。所以不管做什麼事，人們都避免不了受到外界的干擾，被行銷界用得最廣泛的就是：對權威的社會認同和從眾效應。

同時應用了權威和暢銷來獲取顧客信任，本質也是利用了人性中的社會認同和從眾效應。注意，這裡借勢的是權威報告和合作商的權威。

延伸知識點：三個方法，取出吸睛商品名

第一個方法是場景命名法。首先，思考顧客生活中哪些場景需要產品的核心賣點。其次，把場景與產品關聯起來，比如接吻糖。

第二個方法是跨界命名法。首先，確定產品的品類名稱。其次，確定產品的核心賣點。最後，跨界思考顧客還有什麼產品滿足這個點。比如口紅電池，凸顯電池像口紅一

23 世界最大零售商、美國連鎖超市品牌沃爾瑪（Walmart）。

樣小。手機傘，凸顯產品像手機一樣小。水蜜杏，凸顯杏像水蜜桃一樣甜。水果玉米，凸顯玉米可以生吃、脆甜多汁的核心賣點。

第三個方法是原料命名法。首先，找出產品的主要原材料，最好是原材料的功能就能突出產品的功效，比如核桃等於補腦，和產品效果一致。其次，用一個詞語概括，比如六個核桃飲料、一朵棉花純棉巾、三個辣椒醬等。

POINT

爆款文案

- 產品差異化命名的三個方法，即場景命名法、跨界命名法、原料命名法。
- 擴大用戶群體。在寫文案時，可以用不同的使用場景來覆蓋更多的消費群體。

4 不自嗨、不生硬，顧客一〇〇%信任你

這是一款我自己操盤的爆品，當時客戶只給我一瓶樣品和一張宣傳小卡片，而且客戶全公司的人都不看好這款產品。在這樣一個背景下，要從哪裡著手尋找突破點呢？

我主要做了以下四件事：

- 蒐集與顧客相關的素材。
- 蒐集與產品相關的素材。
- 蒐集與原料相關的素材。
- 搭建臨時體驗群，蒐集顧客證言。

經過十天的推敲，上線測試轉化率一三．七%，三個月銷售額突破兩千五百萬元。原本不被客戶看好的一款產品，卻撐起了公司一年的業績。本節，我就來詳細覆盤拆解這篇爆文。

案例1

不被看好的產品，竟救活一家企業？

標題：咽炎嗓子乾，有痰咳不出？澳洲國寶級清肺神器，每天一片，堪比萬元洗肺！再也不怕霧霾二手菸！

爆款詳情：客單價一百四十八元，三個月銷售額二千五百多萬元。

關鍵字：潤喉糖、熱點＋痛點、故事開場、塑造信任。

〈技巧一：痛點＋可量化的價值利益，鎖定目標顧客〉

這是功效養生類文案常用的痛點＋解決方案範本。首先，指出目標顧客具體的痛點，這個痛點一定要常見、具體，越具體顧客點擊的欲望越強烈。其次，給出你的破解方法。但你不能直接說：推薦你用澳洲清肺片，這樣顧客看了肯定沒有點擊的欲望，所以我用到了快速抓人眼球的兩個技巧。

第一：超級詞語。

什麼是超級詞語呢？就是不需要解釋，一看就明白，而且帶有強烈的感情色彩，能夠使顧客產生衝動感。

比如「國寶級」、「神器」。國寶級，凸顯產品在澳洲的權威地位；神器，是這兩年的網上流行語，特指解決某問題的必備好物。

類似的超級詞語還有震驚、神奇、逆天、太驚喜了、最愛、免費、祕密武器、祕密等。

第二：數位＋結果，量化產品價值利益。

人們點擊標題的四大行為驅動因素，其中一條是急功近利。這裡我就用到了「每天一片，堪比萬元洗肺」，當然這是誇張的說法，靈感來源於網友關於霧霾的一場討論。

再也不怕霧霾、二手菸，其實這是顧客的理想結果。因為咽炎遇上霧霾和二手菸會加重，而這又是他們生活中的兩個常見場景。

〈技巧二：故事＋痛點開場，引發顧客共鳴〉

一個人最無力的時候，莫過於家人深受折磨，自己卻無能為力。

上週慧姐十歲的兒子呼吸道感染住院了，醫生說已發展成中度肺炎。小的還沒好，那邊老人又犯了哮喘病。她每天在醫院、公司、家來回奔波。已經連續一週沒有睡超過三小時了。

秋季乾燥、霧霾又嚴重，呼吸道和哮喘病高發，要加強防範。

北京某三甲醫院內科主任說：每年秋天呼吸道感染人數平均增長四八．二%，但有八成人不自知，引發肺炎、支氣管炎、鼻竇炎等。更麻煩的是，感染一次後就會反覆發作。

孩子處於學習和社交能力培養關鍵期，反覆發作不僅影響學習，還會因同學排斥而產生社交恐懼。不僅老人孩子，年輕人也很痛苦好嗎？嗓子乾癢，一著涼就咳嗽，早上刷牙噁心乾嘔，呼吸困難、沒跑幾步就喘不上氣。

開場我用了金句＋故事的技巧，金句傳達情緒，故事讓讀者有代入感。接下來，引出當下熱點：秋季乾燥、霧霾頻發，導致呼吸道感染和哮喘高發。這實現了兩個目的：第一，讓顧客覺得故事中的事是普遍發生的。第二，讓顧客覺得如果不重視咳嗽、咽炎這些小症狀，有可能像故事中的主人公那樣遇到同樣的情況，這是他不想發生的。為了避免痛苦，也更容易採取行動。

其中，「送女兒上學，校醫一個檢查，稍有發炎、紅腫都讓回家看醫生。」這是我從女兒身上獲得的靈感，當時很多小朋友因嗓子紅腫被校醫勸退回家休息。所以這也提醒你：一定要留意身邊生活中的素材。

然後，我又用北京三甲醫院主任的身分，來說明現象的普遍性以及會帶來的嚴重後果。北京三甲醫院主任是權威的代表，他的言論更容易引起顧客的信任，讓顧客覺得我不是胡編亂造恐嚇他，而是好心提醒他。

這是我在新聞中看到的一段話，只是把具體醫院換掉。所以這也是我強調的，一定要學會從新聞中找素材。因為一個熱點出來時，就像霧霾，會有很多媒體報導，很多內容都是可以直接用的。

接下來是年輕人常見的症狀，比如嗓子乾癢、咳嗽等，這都是顧客生活中普遍、高頻率的痛點，而且很具體。

〈技巧三：與顧客站到同一陣線，引出產品〉

這些罪小編都受過。我是重度咽炎，一到霧霾天就加重。嗓子乾、覺得有痰又咳不出，吞口唾沫都費力。嚴重時，說不出話，還頭暈沒勁。慶幸的是，今年躲過一劫！

其實，這些年我試過的方法不下上百種，菊花茶、紅梨水、白蘿蔔水……傳說潤肺止咳的食材都煮過，基本沒什麼用。還親身試過七十三種鼻噴劑、含片，有三、四百元的進口貨，也有幾十元的國產貨，衡量價格、效果各因素，良心推薦買過最值、用後效果最好還不會反覆發作的一款是澳洲考拉肺清。

它是專注清肺利咽的澳洲品牌，被當地人稱為「抗霾神器」。由澳洲前三大的製藥公司Brand（布蘭德）研發，主打天然桉樹油成分，對抗霧霾、粉塵等細菌病毒引起的呼吸道和嗓子不適超有效，而且性價比很高。吃完一顆嗓子就光滑了，試用過的親友都說超級有效。

朋友扁桃腺發炎說不出話，倔強的她堅決不吃抗生素，給她兩顆考拉肺清，第二天就好了！她順勢說：這瓶我私藏了！

戳完痛點，就要給出解決方案。但我沒有直接寫：給你推薦考拉肺清，而是「**與顧客站到同一陣線**」，講人話。先告訴顧客自己得咽炎的痛苦經歷，讓顧客覺得我不是在推銷產品，而是分享我對抗咽炎的經歷，迅速拉近與顧客的距離，獲取信任。

其實，這段的本質是競品對比，告訴顧客菊花茶、紅梨水、白蘿蔔水，噴劑、含片這些方法我都試過了，效果都不好。

其中，「三、四百元的進口貨」這裡是個錨點，在引導下單時，顧客會覺得一百四十八元就沒那麼貴了。而且告訴顧客並不是越貴越好，也不是國外的全是好的，讓顧客覺得我很有經驗，也很真誠。然後介紹產品核心賣點，並擺出權威和顧客案例兩個信任狀，讓顧客相信我推薦的產品的品質和效果是有保證的。

此時，成功撩起了顧客的興趣，但顧客會有疑問：「你說的這個考拉肺清真的像你說的一樣好嗎？」所以，要羅列產品的證據鏈，證明產品是可靠、有效的。

〈技巧四：權威流行打消顧慮，激發顧客欲望〉

在澳洲，考拉肺清口碑爆棚，是國寶級天然抗霾神器。大多數人吃過之後，會說這樣一句話：「含進嘴裡嗓子立馬就光滑了，口感很清爽，吃完嘴裡不沾、不酸。高濃縮配方，融化很慢，持續二十分鐘滋潤嗓子。」還有人說：吃一顆，整個肺部像換了一次空氣一樣，清爽極了。

最初，考拉肺清被澳中企業家俱樂部主席袁祖文作為禮物，送給中國佛教協會會長釋永信（少林寺方丈）後，它的人氣就在名人圈一直居高不下。

小小的澳洲清肺片，因為獨特的清肺效果，被阿聯酋很多富豪使用推薦。二〇一七年在東莞舉行、由五十六個國家參展的海絲會（按：海上絲綢之路國際展覽會）上，被瞬間搶購一空！成為海絲會上妥妥的斷貨王。

考拉清肺片在澳洲很多知名的店鋪都有賣！深受澳洲民眾的喜愛！打開中國網紅必看的小紅書，對它也是一片讚美：「嗓子很順滑，咳嗽也好多了，好神奇！」、「秋冬必備抗霾神器！」、「老爸哮喘的毛病好了，太厲害了！」、「連著吃一個月，孩子今年肺炎沒復發。」

先透過試用感受激發顧客嘗試的欲望，接下來是澳中主席、海絲會的權威背書和小紅書的顧客證言。

這裡需要注意的是，很多學員拆解時，就指出用了什麼套路，卻不會思考：為什麼要把顧客證言和權威擺在第一項？

之所以把這幾項擺在第一位，是因為這是個新品。當時市面上的競品主要有兩大類：第一類是中國國內的中低端潤喉糖，中醫類枇杷膏、清肺止咳膏。第二類是國外的高價口服含片。

這意味著**顧客對這個產品認可度很低**，這時候直接講產品如何好，顧客不感興趣，甚至會懷疑：「你說這麼好，為什麼我沒見人用過？」所以，我就**透過權威和顧客證言製造流行，利用人們的社會認同心理**，讓顧客看到很多上流人士都在用，讓他覺得「這個產品肯定值得買」。

因為在很多消費者的認知裡，高端人士用的品牌＝大家都在買的品牌＝我也買的品牌，這也是從眾消費和權威崇拜的邏輯。

〈技巧五：講事實、擺證據，證明產品對顧客有益〉

方法一：痛點恐懼

也許你會疑惑：澳大利亞空氣好啊，為什麼要研發「抗霾神器」？其實，澳大利亞亞抽菸的人很多，露天鐵礦也很多，而且墨爾本也出現過PM二・五爆表。

霧霾對心腦血管、神經系統都有影響，但首當其衝還是呼吸系統。人每六秒呼吸一次，一天呼吸兩萬多次。PM二・五細顆粒物直徑不到頭髮的二十分之一，很容易進入呼吸道，並黏著在肺泡上，影響肺泡細胞的通透性，輕者出現咳嗽、咽喉炎等呼吸道感染，嚴重者會引發肺組織纖維化，甚至肺氣腫。秋冬季節，每人肺部每天吸收的PM二・五相當於抽掉三包香菸！

對抗霧霾，大多數人首選口罩，這是抗霾第一步，但九〇%的人卻忽略了最重要的一步。暫且不說很多口罩不合格，就算專業的防霾口罩也很難做到百分百服貼。漏網的PM二・五細顆粒物長驅直入，損傷你的呼吸道和肺。

怪不得小編每次到辦公室摘掉口罩，兩個鼻孔處總是黑黑的。就算戴一百多元的防霾口罩，鼻孔裡還是很髒。大人還好，但孩子沒有鼻毛，鼻腔比成人短，霧霾更容易侵入。小孩一旦患流行感冒、夜裡咳，全家睡不好，治療不及時還有可能引發支氣管炎、肺炎。

不僅霧霾，汽車廢氣也很嚴重。你上下班、孩子上下學恰是車流高峰，這陣勢一點不輸霧霾！

所以，及時清肺很重要。否則，等到細顆粒物開始侵蝕呼吸道黏膜和肺臟，用再貴的藥也於事無補，動輒上萬元的洗肺可能都沒你認真做好肺的保護有用。

這部分再一次用到了痛點恐懼。首先，站在顧客的角度提出疑問「為什麼澳洲要研發抗霾產品」。其實，不管顧客是否疑惑，這都是一個很好的鉤子句子，能夠讓顧客繼續閱讀。真正的目的是自然過渡到霧霾的話題，引出霧霾對人體呼吸系統的危害。

當時，很多針對霧霾的產品會羅列霧霾對人體各個系統的危害，但我只強調呼吸系統，也就是咳嗽、咽炎、嗓子不舒服的範疇。把霧霾的熱點和顧客痛點結合起來，用霧霾的熱點引爆顧客痛點。

但預防霧霾，顧客的首選是防霾口罩，而且這個行為習慣已行之有年。怎樣找到突破點呢？

當時霧霾天出門，到辦公室摘掉口罩發現兩個鼻孔處還是黑的，這就給了我靈感，讓顧客把清肺片作為防霧霾的第二道防線。

具體內容是這樣的：對抗霧霾，九〇％的人只做對一半。很多防霾口罩是不合格的，也很難做到百分百服貼，所以PM二．五還是會進入呼吸道，甚至肺部，損害健康。並擺出鼻孔處發黑的口罩照片，證實防霾口罩不合格。而且又用了一次價格錨定，讓顧客覺得一個防霾口罩一百多元，還不一定有效果，還不如買一個普通口罩，再備一瓶抗霾神器划算。

其實，這個點當時與客戶是有分歧的，他的觀點是：吃了清肺片，霧霾天就不用戴口罩了，很方便。但這不符合顧客的行為習慣，而且與口罩相抗的結果是：顧客買，或者不買。但如果把切入點作為第二道防線：所有買過口罩的人都是產品的目標顧客，這種策略可以擁有更大的市場空間。所以，很多時候不要逼著顧客二選一，而是要站在他的立場，真正替他著想，讓他覺得你是真誠可信的，而不是急於忽略他買產品。

但此時又有個問題，市面上宣稱清肺的產品很多，顧客為什麼要買你的呢？所以，我又用到了「競品認知對比」。

方法二：認知對比

曾經為了咽炎，小編試過多種方法，推薦最方便有效的還是含片，不像糖漿那麼麻煩，也沒有噴劑那麼刺激，更關鍵的是能增加活性成分作用的時間。隨時隨地含上一顆，可以持續滋潤修復。

然而，市面上大多是薄荷腦之類的產品。這類含片比較便宜，但只能作用於鼻腔和上呼吸道，不能從根本上修復呼吸道黏膜和肺泡細胞。還有很多廠家為了降低成本，加入大量添加劑。

這是市面上賣得很火的某大牌爽含片，其主要成分是白砂糖、色素和香料。怪不得小編一天吃一盒，咽炎也沒減輕，說多了都是淚。

先指出市面上糖漿、噴劑帶來的麻煩，再指出含片類成分的不安全，凸顯競品質量差，讓顧客主動放棄競品。「既然別的產品不值得信任，你推薦的這款考拉肺清成分和效果就真的可靠嗎？」接下來，就要從正面構建產品的信任矩陣，獲取顧客的信任。

方法三：原料、產地、製作具體化

桉樹油是澳洲三寶之一，大約一百斤的桉樹葉以及十六小時的人工與機器工作才能萃取出一公升的油。因此，澳洲桉樹油是世界上最稀少珍貴的油之一，又被稱為澳洲的「液體黃金」。

因其葉子裡含有的活性成分具有強大的清肺利咽和修復呼吸道黏膜的效果，澳洲原住民經常用它煮水來緩解咳嗽、嗓子發炎和呼吸道感染，甚至當地很多抽菸的人和露天工人把它作為清肺的日常手段。野外不小心割傷時，也會用桉樹葉搗糊敷在患處，能很快痊癒。所以，它被稱為「澳洲人的救命藥」。

桉樹的種類有五百二十二種，但全球公認效果最好的桉樹油是生長在澳洲極度嚴寒高山的鄧恩桉，是世界珍貴樹種。中國農林學家曾在廣西、湖南等地嘗試培育，十三年都沒成功。

從鄧恩桉中提煉的桉樹油，吸收性一級棒，能夠以低端桉樹油七．二倍的效率，實現驚人的抗菌修復效果。高度抗菌消炎，修復呼吸道黏膜，緩解咳嗽、氣喘、支氣管炎等。形成保護膜，有效阻隔PM二·五、粉塵等細顆粒物吸入。促進黏著在肺泡細胞的細顆粒物排出，提升肺泡細胞通透性。已進入美國食品藥物管理局[24]（FDA）採購名單。

承接著其他產品的成分不安全，講述考拉肺清的原料、產地和製作等事實，凸顯原料的稀有性、配方的安全性和效果的可靠性，並指出被列為美國FDA採購清單，借勢權威，打消顧客的疑慮。

這裡需注意的是，我透過澳洲原住民的做法，證明當地人幾百年來對桉樹油的信賴，襯托產品的安全可靠性。

方法四：權威背書

「澳大利亞TGA[25]是全球公認最嚴格、最權威的食品藥品認證，考拉肺清一上市就拿到了TGA認證證書。」

24 U. S. Food and Drug Administration，縮寫為FDA；美國歷史最悠久的保護消費者的聯邦機構之一。

25 Therapeutic Goods Administration，縮寫為TGA：澳大利亞藥物管理局。

注意，我沒有直接說透過TGA藥品認證，而是先說明TGA是全球公認最嚴格、最權威的食品藥品認證，再說考拉肺清一上市就拿到了TGA認證，凸顯產品的厲害。就是把權威翻譯成了大眾熟知的權威。

方法五：使用場景

霧霾、汽車廢氣雙重襲擊……孩子更扛不住，還不喜歡戴口罩，苦口婆心說N遍，不如在他書包裡放一瓶考拉肺清，天然有效防齲齒。孩子少生病，你也少操心。

秋季溫差大，一不注意就感冒，加上空氣乾易上火，嗓子疼、嘶啞說不出話，一顆就有明顯感覺，喉嚨變得異常潤滑。

澳大利亞原裝進口，一瓶三十顆，能吃一個月，像小編這樣的咽炎患者一瓶就好了。隨時含上一顆方便又有效……早上出門來一顆，給呼吸道加一層保護膜，有效阻隔霾塵細顆粒物的吸入，減少感染和流感發作！

明知道抽菸不好，但想戒又戒不了。那就只能認真做好清肺工作了，及時修復尼古丁、焦油等有害物對呼吸道黏膜的損傷，減少肺部疾病發生。趕上約會，還能避免嘴裡菸臭味的尷尬。

吸二手菸的人更要注意了！資料顯示：二手菸中焦油、苯並芘等有害物是主流菸的五倍以上，很容易引發咽炎、呼吸道疾病，每天一顆清肺利咽，減少有害物侵入。

下午三、四點犯睏？開車時間長疲乏？來一顆！振奮你的大腦皮層，比薄荷清爽十倍，提升工作效率，開車也更安全。

據吃過的朋友回饋，對付暈車也很有效！桉樹油活性成分可直達中樞神經，減少眩暈、噁心，比暈車藥還管用。堅持每天一顆，咽炎、哮喘不易復發，流感、呼吸道感染和肺炎也少發作，一個秋天能省掉四、五百元的醫藥費。

但此時顧客可能會說：「我沒有咽炎或所在城市沒有霧霾，是不是就不需要吃了？」所以，就要透過顧客生活中的具體場景，讓顧客想像一天下來，可以一次又一次的使用產品，不斷避免痛苦、獲得好的體驗，成為他成活中離不開的必備品，從而刺激購買欲望。

汽車尾氣、感冒、流感、抽菸、二手菸等，這些都是目標顧客生活中經常會遇到的場景。更重要的是，不同的場景可以覆蓋更多的消費人群。

方法六：借勢權威

二〇一七年十月，在雪梨舉行的澳中企業家俱樂部十週年慶典上，考拉肺清成為官方指定伴手禮。這裡聚集著澳大利亞、中國各行業前一百名的企業家。據說，都是身價百億。

《澳洲日報》刊登的優秀企業榜單，第三位就是大名鼎鼎的布蘭德。

雖然該產品是澳中俱樂部週年慶典伴手禮，但顧客不曉得澳中俱樂部是個什麼樣的組織，所以我指出俱樂部裡都是身價百億的企業家。利用顧客的社會認同心理，讓他覺得高端人士都在用，肯定是值得購買的，進而獲取信任。

〈技巧六：塑造產品稀有價值，快速引導顧客成交下單〉

流感、咽炎、呼吸道感染……都不算大病，但嚴重起來，嗓子乾疼喝水都難，不停吐痰也影響形象。如果發展成肺炎還得請假看病，薪水被扣還耽誤工作，看病回來還得加班。

去醫院一次沒幾百元下不來。關鍵是檢查一圈下來，還是用抗生素！抗生素有耐藥性，這也是為什麼哮喘、咽炎、支氣管炎容易反覆的原因。與其每次花錢又遭罪，不如學學聰明的澳洲人，每天吃一顆考拉肺清。

對孩子來說，幼小的身體更扛不住流感和呼吸道反覆發作，生一次病，學習就落下一截，時間久了還易厭學。與其每次跟著焦急，不如給他更好的保護。

在某網站上，同類產品都在兩百元以上，還不能保證是正品。但原裝進口的澳洲考拉肺清，原價一百九十九元／瓶，粉絲福利價一百四十八元／瓶，也就吃一次肯德基的錢，卻能讓你和孩子免於流感和呼吸道感染反覆發作。三十粒吃一個月，一天只要

四．九元，超划算！

們在前期售賣的時候發現，部分使用者在一週內可以在此回購，而且單次購買的數量在三到五瓶之間。由此可見大家對清肺片的認可。

經歷海絲會和澳中企業家俱樂部袁祖文主席的推薦，考拉肺清常處於斷貨狀態，建議嗓子不適、咽炎、哮喘的朋友趕緊囤上兩瓶，霧霾最嚴重的兩個月，它能幫你扛過去。

結尾處，我用到了三個引導下單的技巧。

第一個技巧：負面場景

指出顧客不購買可能出現的痛苦：請假、扣工資、看病花錢，孩子學習落下一截，甚至厭學。這是顧客不想看到的，為了避免痛苦就更容易採取行動。

另外，還用到了製造反差的技巧：一邊是你花錢受罪，一邊是聰明的澳洲人每天一顆考拉肺清，輕鬆解決流感咽炎，避免霧霾危害，讓顧客覺得購買產品才是最明智的選擇。「與其……，不如……。」這個製造反差的表達句式你可以記下來。

第二個技巧：價格錨定＋偷換心理帳戶

這裡用到了兩個錨定，一是給同類產品做對比，二是給產品本身做對比，讓顧客覺得現在購買是最划算的。並且用到偷換心理帳戶的方法，讓顧客從吃肯德基的心理帳戶中取出一百多元來治療咽炎、避免流感，降低顧客花錢的難度。

第三個技巧：塑造稀有性

假如和你說不用急，隨時都能買到，你肯定不會急著買。但如果告訴你現在不買可能就買不到了，你就更有緊迫感。所以，這裡給出首批顧客購買截圖，讓顧客覺得別人都在搶著買，還經常斷貨，現在不買就可能買不到，促使其馬上下單。

POINT

爆款文案

- 關於蒐集素材的四個要點：首先，蒐集與顧客相關的痛點。其次，蒐集與產品相關的素材。然後，蒐集與原料相關資訊以及成分作用機制。最後，搭建臨時討論的群組，蒐集顧客證言。另外，要注意身邊生活中以及新聞素材的蒐集。
- 故事開場的兩個要點：第一，符合用戶畫像。第二，有關鍵細節。這樣才能讓顧客有共鳴。
- 「與顧客站到同一陣線」，講人話。不管是寫什麼類型的文案，都不要急著推薦產品，而要想辦法與顧客站到同一陣線，讓他覺得你是和他一樣的，而且你的經驗還能幫助他少走彎路。只有這樣，他才更容易接受你推薦的產品。

案例2

鍋子比別人貴二十倍，爆單卻多五倍

標題：廚神不會告訴你，做菜特別好吃的祕密就是……

爆款詳情：單價九百九十九元，賣出一千一百單，銷售額九十九．八萬元。

關鍵字：用戶思維、開篇金句、試用體驗、獲得感、稀有性。

經常有學員問我：兔媽，產品思維和使用者思維到底有什麼區別？

我先透過一個案例，幫你快速理解。還記得經常被行銷人提到的「甜過初戀」的廣告語嗎？它就是典型的產品思維。可能有學員會說：這個文案在圈子內很流行呀？的確，但這樣的文案能帶來傳播，卻很難帶來銷售。我們不妨做個比較，兩個賣柳丁的商販（見下頁圖14）。

文案一：甜過初戀。

文案二：不甜包退。

你會買哪一家？大多數人會選擇後者。為什麼？因為顧客只會為能幫他解決問題的產品買單。

顧客看到文案會絞盡腦汁想：到底甜不甜呢？畢竟每個人對初戀的感受是不一樣的，更別談小孩、老人了，他們對初戀更加無感。而看到文案二的態度是：不甜可以退，也就是說在這裡買是沒有風險成本的。所以，最終顧客會選擇後者。

本節拆解的這篇爆款鐵鍋的文案，全篇只用了一個絕招，就是**站在顧客角度，替顧客解決問題**。

〈技巧一：設置懸念，引發好奇〉

這是典型的懸念好奇型標題。它就像一個鉤子，讓人忍不住點擊，想要知道廚神做菜好吃的祕密到底是什麼。關於懸念好奇型標題的四種方法和常用關鍵字，可以參考前面的案例。

另外，廚神也代表著專業權威，顧客會覺得廚神私藏的祕密，肯定值得深度了解，而且更有可能提升自己的烹飪水準。

圖 14

〈技巧二：開場白：戳中顧客痛點，並揪出問題元凶〉

如何做出一頓美味的飯菜，是很多人頭疼的事。

其實廚藝差真的不是你的錯，因為做菜好吃的祕訣，還在於廚具！好的廚具讓人省心省力，簡簡單單就能做出可口美味。烹飪大師能做出令人讚不絕口的菜餚，關鍵在於好的廚具。

開門見山，直指衝突，切入話題。痛苦的人往往不願意找自己的問題，而總是希望找到元凶，以解心頭之恨。小編幫顧客找到了做菜不好吃的元凶，就是廚具不行。顧客不但不會反感，反而會非常感激。更重要的是，可以順其自然的過渡到產品。

其實，這個開頭的方法很容易掌握，效果也很好。我提煉出了一個範本，在你寫文案沒有思路時可以直接套用。

揪出元凶的開場範本：

- 提出問題：如何……。
- 給出結論：其實……。
- 價值訴求、社會認同：×××的關鍵在於……。

舉個例子：

「女性經常頭疼如何在冬天穿的顯瘦又暖和。其實穿得像企鵝一樣真的不是你的錯，因為顯瘦的祕訣在於選對保暖褲！好的保暖褲，穿上就像二十四小時裹著羽絨毯，即便零下七度也不覺得冷，最驚喜的是顯瘦。明星網紅能在冬天凹造型，關鍵在於顯瘦又保暖的保暖褲。」

你學會了嗎？趕快練習一下吧！

〈技巧三：講事實擺證據，證明對消費者有益〉

一口好鍋，真的能像廚神一樣提升廚藝嗎？這款鍋和普通鍋有什麼不同呢？顧客心裡會存在各種疑慮，得不到解決就不會下單。

所以，接下來就要給他講述事實、羅列證據，證明這口鍋真的可以幫他解決做菜不好吃的問題。

方法一：試用體驗（使用場景＋感官體驗）

最近買了一口鑄鐵炒鍋，炒菜特別香。

菜一放進去，馬上就有響亮的「滋滋」聲，快炒幾下，很快就能起鍋。炒出來的菜香噴噴的，蔬菜爽口香脆，肉滑嫩可口，有鑊氣（按：指用炒鍋烹飪，食物的精華都被烹調出來）。做個黃燜雞，雞肉充分吸收了湯汁的鮮辣，咕嚕咕嚕翻滾出香味，口水都要流下來。豬腳也能燉，燉出來的豬腳，用筷子一戳就骨肉分離，特別軟糯。這口鍋，可以說是煎、炒、燜、燉、煮，樣樣在行。

很多人寫文案，一上來就喜歡吹噓產品多厲害，其實，這就是典型的產品思維，但消費者只關心自己。這款鐵鍋的主打賣點是做出的菜更好吃。如何證明呢？小編先給出了自己的試用體驗。

要注意：鍋只是道具，它本身並沒有價值。所以，要透過常見的做菜場景來凸顯鍋的價值，並透過感官體驗的方法描述出用這口鍋做出的食物真的很美味，讓顧客相信這口鍋做的菜是好吃的。

方法二：借勢權威

它來自德國鍋具品牌 Velosan（韋諾森），源自一八九六年的鑄鐵世家，有百年歷史，是全世界最為古老的鑄鐵鍋品牌。Velosan 的鍋都源自德國最純淨的海島——希登塞島（Hiddensee）的海鹽鐵礦石，那裡的礦源純淨無汙染並透過了歐盟苛刻的驗證標準，含有三十六種微元素，七層礦物結構，對人體補鐵效果作用顯著。

透過試用體驗，顧客已經相信用它做的菜好吃了。這時候他會關心，和平時買的其他鍋有什麼區別呢？這裡明確指出：對人體有補鐵的效果。並且借勢產品的百年品牌和歐盟驗證標準的權威，獲取顧客的信任。另外，「三十六種微元素、七層礦結構」利用具體的數位吸引顧客關注，並增加可信度。

方法三：獲得感

鑄鐵鍋滿滿都是德國處女座品牌的體現，因為它歇斯底里、任性的……堅持不使用任何化學塗層。

最讓人驚喜的是，這款鍋不含任何化學塗層，卻能做到不沾。祕訣在於它的物理不沾技術，鍋具內壁表面有許多小突起（這是天然顆粒），礦石氣孔顆粒讓食物與鍋底呈半架空的狀態。烹飪的時候，菜懸浮在顆粒上，能夠減少食材和鍋面的接觸，不容易沾鍋。鍋做好後，鍋壁還用上好的菜籽油烤入鐵鍋的「毛孔」中，這是一個「養鍋」的步驟，能讓鍋黝黑發亮，而且不容易生銹。雖然顏值高，但是這口鐵鍋一點都不嬌氣、不挑鍋鏟、不怕刮傷，可以放心用鋼絲球、百潔布來刷洗。也不挑爐具，既可以上明火，也可以用在電磁爐和電陶爐上。

這裡提到兩個產品賣點，一個是內壁的小突起，推文沒有說小突起的製作和原理，而是直接告訴顧客「烹飪時可以讓菜懸浮起來，不容易沾鍋」，凸顯這個賣點給顧客帶來的獲得感。另一個是「塗上菜籽油，不生銹、不怕刮傷、不挑爐具」，這就很好的展示了賣點解決衝突的能力（顧客買鍋常見的衝突有怕沾鍋、怕生銹、不能用鋼絲球）。這就是為用戶解決問題的「用戶思維」，進而打消顧客的疑慮。

方法四：認知對比

鑄鐵鍋很厚，但是導熱性能卻意外的好，螺旋式的鍋底，讓它的導熱提升了二〇〇%。一個科學的解釋叫「發射率[26]」：不銹鋼的發射率大約是〇．〇七，用這種鍋炒菜，熱量只能抵達食物與鍋接觸的那一面（所以要反覆的翻鍋，才能使食物的每一面都吸收到相同的熱量）。

而鑄鐵鍋的發射率高達〇．六四，是不銹鋼的近十倍，能夠充沛加熱食物的各部分。因為鐵導熱性好，即使關了火，也有足夠的餘溫能夠煮熟食物。尤其是炒滑蛋的時候，將蛋炒到五成熟，然後關火，利用餘溫翻炒幾下，這樣炒出來的蛋，特別嫩。

這段又給出了導熱性好的產品賣點。但如何凸顯這個賣點的價值呢？答案就是認知對比。首先，提出一個導熱性能的衡量標準——發射率。緊接著，指出其他競品的缺點——發射率低，給顧客帶來的利益差——炒菜要反覆翻鍋。再給出這款鐵鍋的優點——發射率高，並指出給顧客帶來的利益大——炒滑蛋特別嫩。

這裡需要注意的是，很多人在寫認知對比文案時，經常指出競品的缺點和產品優點就結束了，但這樣顧客很難感知到這個點能帶給他什麼影響。所以，在指出競品缺點和產品優點後，還要連結顧客的利益，讓他認識到產品賣點給他帶來的好處。比如，這裡就透過炒滑蛋、煎魚的生活場景，展示產品發射率高這個賣點給顧客帶來的價值。

方法五：滿意度保證

更關鍵的是，這口鍋竟然有逆天的五十年的質量保證！用一輩子都不成問題。

普通不沾鍋使用壽命都不長，這個鍋這麼貴，會不會也是這樣呢？主動提出顧客的顧慮，並給出滿意度保證，讓消費者無憂下單。

方法六：稀有＋費時費力

因為手工製造，Velosan 的鍋具產量一直都不高。一個模具、一口鍋，每個月只產五千口鍋，每成功鑄造出一百口鍋，意味著有九百個炒鍋已被淘汰，因為德國人覺得這已經是最低的工匠標準了。每一口鍋都歷經一百二十六道工序與八千小時的手工製作。

這裡透過稀有＋費時費力的方法塑造產品的高價值，這也是寫價格偏貴的產品時常用的方法。只有這樣，才能讓顧客接受產品的高價格。

類似的案例還有：①某爆紅全網的洗面乳：經過兩個月的配方試用，八百天研發等。②賣皮鞋：用剪刀剪開多少次級品等。③賣羊絨圍巾：羊絨一年只產一個批次，每年春季，匠人師傅們會用精緻的鐵梳子像梳頭髮一樣，一點一點梳下來，每隻羊身上只能收穫幾十公克，一件羊

---

26 以熱輻射的形式釋放能量相對強弱的能力的物理量。

絨圍巾相當於六隻山羊的產絨量。

〈技巧四：錨定效應，引導下單〉

這口鍋，京東全球購售價一千四百八十八元，亞馬遜售價一千九百九十八元。價格都在四位數，可謂是貴得驚人。

看到這裡，可別被價格嚇壞了。若不是有好折扣，還真不好意思讓大家剁手這麼一口價格甚至不到四位數，能用一百年的鍋。

人們在進行決策時，會過度偏重第一眼看到的價格。這裡主動告訴顧客京東和亞馬遜的價格更高，然後再展示元的「相對低價」，顧客就會覺得這個價格並不算貴，讓他產生「還是在這裡買划算」的想法。另外，透過「一口傳家寶，能用一百年」凸顯產品品質，塑造產品的高價值。

POINT

爆款文案

- 產品思維和使用者思維的區別：產品思維就是自嗨，像專家寫說明書一樣，羅列賣點詞彙，如美國EWG認證（按：環境安全、物品安全的認證平臺）、ABC黑科技、LEEP技術（按：減少疼痛的醫療技術），卻不想能為目標顧客解決什麼問題，顧客看了無感。用戶思維是站在用戶的立場為他解決問題，比如保暖背心穿上抗零下十度的寒冷，又能塑形凸顯好身材；比如支付寶的公共交通卡廣告「刷卡搭捷運，三次只需兩次的錢」。
- 揪出元凶開場範本：提出問題（如何）＋給出結論（其實）＋價值訴求、社會認同（×××的關鍵在於）。

第 4 章

拆解爆文，偷學賣貨邏輯

1 寫文案的三大誤解、三個前提

如果你問我學文案有沒有捷徑，我的答案是案例拆解。熟悉我的人都知道，我就是從拆解案例開始，被大家關注和認可的。

可以說，從沒資源、沒人脈、沒經驗的新手，到短時間做出多個千萬級爆款，成為商家和學員口中的「賣貨高手」，我逆襲的祕訣就是拆解案例。透過拆解優秀的案例，找到行之有效的套路、方法以及賣貨邏輯，然後去模仿、歸納、總結，為自己所用，這是普通人掌握文案的捷徑，也是我驗證有效的方法。

案例拆解是對賣貨文案的整合訓練，它能讓你把學到的套路、方法和技巧串起來。

但平時很多學員問我：「兔媽，我知道拆解案例很重要，也嘗試過自己去拆解，的確能感到寫文案更順了，但轉化率為什麼還是上不去呢？」

其實，很多人拆解案例都用錯了方法，主要存在以下三大誤解：

誤解一：搞題海戰術，換個產品就不會寫。

經常有學員說：「兔媽，我要每週拆兩篇。」還有人說：「兔媽，我每天拆一篇。」很努力，也很辛苦，但如果他剛拆完面膜的文章，你給他一款面膜讓他寫，他還是沒思路。甚至會非常困惑，因為他不知道怎麼寫了，害怕寫出來和拆的那篇一樣。

這就像上學考試，你出個一模一樣的題目，他能做對，但換個同類型的其他題目就不會了。所以，拆解不在多，而在於你拆完是否能真正掌握這種類型產品的賣貨邏輯。

誤解二：只看表層套路，忽略底層邏輯。

曾經有位學員說：「兔媽，我報了某某老師的文案課，作業是拆解文案。我剛拆解了一篇，妳能不能幫我看看拆的對不對。」然後，我看到上面用花花綠綠的字體標記出不同段落用了哪個技巧，其他就沒有了。

事實上，這只是拆解的最初級階段。俗話說：「外行看熱鬧，內行看門道。」拆解案例就是一個看門道的過程。你能學到多少、提升多少，關鍵在於透過一篇文章，你能看到多少真相。如果你只看到表層的套路，就永遠寫不出邏輯清晰、說服力強的賣貨文案。

誤解三：誤以為拆解=模仿，盲目記句式。

很多人拆解文案只會模仿句式，就像小學生造句一樣，直接套上就能寫，覺得進步很大。的確，模仿句式能快速提高文字表達能力，但只起到錦上添花的作用。如果你都沒找到錦在哪，花就無處存在。

拆解文案就像「庖丁解牛」，你要透過文字的皮肉看到內部的肌理筋骨，也就是賣貨的架構、底層邏輯，這才是爆文賣貨的真相。

那麼，正確拆解爆文的方法是什麼？拆解之前，你必須搞清楚三個前提：

第一個前提：看數據。

拆解案例的目的是借鏡優秀的思路和方法，提升自己的賣貨能力。所以，你首先要知道哪些案例值得借鏡。否則，你去拆解那些失敗的案例，當然不高效。尤其是零基礎新手，還有可能被錯誤的方法誤導。

如何判斷哪些是優質案例，是值得我們借鏡和學習的呢？一個重要指標就是看資料，資料是對一篇文案的熱度、關注度、優質度的直接反映。

但經常有學員說：兔媽，文案不是我寫的，我也沒有管道，拿不到資料怎麼辦？下面，我給你五個判斷方法。

- 閱讀量。這個很好理解，但要注意的是，不能只看這篇文案的閱讀量，還要看帳號上其他同類型和同位置的文案。比方說，這個文案是賣面膜的，位置在第二條。那你就要看往期賣面膜文章的閱讀量，以及往期二條的閱讀量。如果閱讀量較高，就大概率說明是優質的，熱度、受關注度都不錯。
- 按讚量。好的賣貨文案是能打動人心的，會引起目標顧客的共鳴，讀完後按讚的概率也更高。所以，按讚量也是一個重要的參考指標。

● 評論量。賣貨推文是沒有客服的，所以，很多人下單前會在評論區諮詢。一般情況下，評論量越多，說明購買的人越多。當然，也不乏個別刷評論的現象。但就是刷評論，商家也會把精力放在賣得好的產品上。

● 投放頻繁度。如果你在很多帳號或同一個帳號上多次看到某篇推文，就說明賣得還不錯。因為只有轉化好的文案，商家才會動用更多管道和資金去推廣。你也可以用「微信搜索」輸入標題，看文案投放的頻繁程度。

● 你的心動度。如果一篇推文能打動你，大概率也會打動像你一樣的其他人。如果把看完直接購買的心動度打十分，然後看你讀完有幾分。如果是六分、五分，甚至更低，那你基本不會買，其他人可能也一樣。

第二個前提：了解顧客群。

文案是藏在鍵盤後面的銷售。有銷售就有購買者，也就是針對的顧客群。不同顧客群有不同的習慣、喜好、需求和痛點，對應的解決方案和說服邏輯也不一樣。

比如賣稻米的推文，你第一感覺是稻米人人都要吃，人人都是目標客群。但你卻忽略了這個稻米賣二十元一斤，普通家庭是消費不起的，它的顧客群是高端人士。高端人士的需求、生活場景和普通人是不一樣的，推文要用的素材和說服邏輯肯定也不一樣。當你考慮到文案背後那個活生生的人，你才能和作者保持同頻，這樣你的拆解才是高效的、有意義的。

所以在拆解之前，要先思考一下你的顧客群是誰，以及這些人的痛點和需求。否則，單看文字你可能會迷惑不解，只能看到一些不錯的句式和表達。如果拿去套用，效果可能會很差。

第三個前提：找到切入點。

切入點是一篇文案的起點。毫不誇張的講，拆解文案如果不看切入點，進步要慢一倍。就像走迷宮，你只有知道作者是從哪個點開始走的、怎麼過渡到主題的、如何論證的，才能找到走出迷宮的路線，掌握爆文賣貨的真相。

主要看什麼呢？切入的思路和素材的運用。

就像我帶大家拆解的考拉肺清的文案，我為什麼要從一個小故事切入？又如何讓讀者覺得這事不是個例，而是有很大可能發生在自己身上？為了讓他相信、讓他產生恐懼，我用到了哪些素材？只有弄清楚這三個前提，你才能高度還原作者的思路，就像和作者一起間接參與了這個案子，你的拆解才有意義、有結果。

2 拆解爆文的五個步驟

接下來，說說拆解爆文的五個步驟和要點。

第一步，拆解標題。

拆解標題不能單單指出用了什麼範本和公式，重要的是你要結合產品的顧客群，拆解標題滿足了哪個行為驅動因素，以及範本的運用細節。就像我們拆解考拉肺清的標題，同樣是痛點＋解決方案的範本，為什麼這篇文案的閱讀量高？

所以，你要拆解它的痛點是如何表達的，解決方案用了哪些技巧，怎樣來區隔同類競品、吸引顧客點擊的。

如果你發現它的痛點寫得很具體，那還要思考如果是減肥、美白等其他產品，痛點應如何具體化。

另外，還可以從以下幾個方面進行拆解思考。

- 在抓人眼球方面，用了哪些技巧和方法，是製造懸念還是蹭熱點、聊八卦？
- 在過濾目標客群方面是怎樣做的，是用痛點標籤，還是身分標籤、年齡標籤？
- 如何量化價值？
- 在煽動情緒方面，怎樣凸顯緊迫感和焦慮感？
- 用了哪些超級詞語，有哪些作用？
- 和其他同類標題相比，有沒有創新點？比如，鼻噴劑標題的「鼻炎界的印度藥神」就是一個創新點，也被很多人模仿。

第二步，拆解開場。

主要拆解開場是如何引發讀者注意和興趣，並快速切入主題的。

這裡有兩個要點：第一，如何吸引讀者注意？是用新聞事件還是明星八卦，以及如何從新聞和八卦快速、巧妙過渡到主題。第二，痛點是什麼？有沒有用熱點來啟動痛點，以及用的是什麼熱點？

拆解痛點又有兩個細節：第一，如何直白的表達痛點？是用了負面場景，還是用戶畫像故事、有畫面感的動詞。第二，痛點不解決的嚴重後果是什麼？又能給目標顧客帶來什麼反應？

堅持這樣做，拆解完一篇爆文後，你才能明白這個品類要打什麼痛點，這個顧客群的核心痛點是什麼。也只有這樣，才能提升你對不同顧客群痛點的敏感性和洞察力。更重要的是，當你寫同類產品文案時，才有靈感、有把握。

比如，很多學員說鼻噴劑的開場很有畫面感、很有共鳴，看完覺得自己的鼻炎就要發作了。那在拆解時，你不能只說「這個開場寫得好，是因為有畫面感」，而要拆解出它用了什麼技巧來打造畫面感、讓讀者產生共鳴的。比如，我用了用戶畫像故事和生活化的場景，還有一些擦、揉、擤鼻涕的動詞。那麼，你可以把這三個點記下來，並留意其他文案是如何用的。比如這款拖鞋的開場：

「大家回到家的第一件事是做什麼？

九九％的人當然跟小編一樣，包包一扔，鞋子一甩，換上舒服的拖鞋，整個人放鬆到忍不住要在房間跳舞！尤其在外面工作累了一天，腳丫被高跟鞋擠得發疼，或被厚皮鞋悶得臭癢，終於挨到回家可以解放雙腳，一天的疲憊和焦慮在此刻得到了全部釋放！」

這裡描述了下班回家換上一雙舒服拖鞋的正面場景。「一扔」、「一甩」這些動詞也很有畫面感，更能帶動顧客的情緒。

在講痛點時，也是結合穿高跟鞋、皮鞋，在外累一天的場景；「擠得發疼」、「悶得臭癢」，擠和悶這樣的動詞也更有力度。所以就可以得出結論：多寫顧客生活中的場景和動詞，能創造畫面感，讓讀者產生共鳴。然後自己寫的時候，就要刻意檢查有沒有用上這兩點，這也是拆解案例的核心。

第三步，拆解證據鏈。

主要拆解文案是怎樣介紹產品，以及如何講事實、擺證據，證明產品對顧客的收益。

顧客對一個產品有興趣，但並不一定購買。所以，你要拆解文案用了什麼證據來說服顧客，並讓顧客相信這個產品能為他帶來價值。

這裡有三個要點。

第一，在打動顧客方面，是如何展示產品價值的，以及怎樣證實的。借鏡文案的思路，在你寫文案時，就能避免掉入自嗨式介紹產品的誤解。

第二，它在介紹作用原理和產品原料時，是如何講人話的，用了哪些技巧。把好的表達句式記下來，這樣在你寫文案時，就可以避免掉入寫作生硬、乾巴無趣的誤解。

第三，它怎樣主動化解顧客的顧慮？比如提出什麼問題，然後如何解答。這樣有個好處，就是能讓你更好了解不同顧客群的顧慮和擔憂，這樣在寫其他文案時也會考慮得更全面。

另外，要注意圖片和排版。很多時候，圖片能傳達比文字更直白的資訊。尤其是現在，顧客的注意力越來越碎片化，更要透過圖片和排版來提升顧客的閱讀體驗。所以，你要留意好的配圖和讓人舒服的排版風格，比如產品圖是從哪個角度拍的；動圖用了什麼創意；產品圖出現的位置；字型大小、字色、行間距、字間距是怎樣的；小標題和重點是如何突出的。

第四步，拆解結尾。

主要拆解文案是如何快速引導顧客付款的，用了什麼技巧。

人在做出購買決策時，都會考慮成本和收益。所以，你要拆解文案用了哪些技巧來塑造產品的價值、弱化產品的成本、凸顯產品的收益，以及購買產品的正當性和緊迫性的。

第五步，歸納、總結和思考。

很多人以為拆解完就結束了，卻常常忽略了最重要的一步，就是總結思考。拆解案例的目的是快速提升自己，更好的打造自己的爆文。所以，拆解後的思考比拆解本身更重要。

這裡有三個要點。

第一，回顧整理整篇文案的架構邏輯。從切入點、引發興趣、引出產品到證據鏈和結尾，這樣可以讓你看到一篇文案的整體脈絡，理解也更深刻。

第二，羅列出你可以借鏡的要點，以及這個點能用在什麼類型的文案中，把要點和你的思考做好標記，存入素材庫。

第三，角色互換。問自己一個問題，作為潛在顧客，你看完這篇文案是否會下單？為什麼？你有哪些沒有被解決的困惑？如果讓你來寫，你會怎樣優化？這樣當你接到同類型的推文時，就可以直接用上思考結論，會節省很多時間。

但平時經常有學員說：兔媽，掌握了高效拆解的方法，但找不到拆解素材，怎麼辦？

3 四個管道，讓你每天不缺好素材

接下來，我來推薦以下四個來源。

第一個來源：關注賣貨類、種草類（按：指網紅）大號。

在公眾號搜「種草」、「好物」就會出來很多。另外，很多個人ＩＰ號（按：Intellectual property，原意是智慧財產權，現泛指個人品牌）、垂直領域的大號都會接軟文廣告，比如你想找護膚方面的推文，就可以在公眾號搜關鍵字「護膚」。

第二個來源：電商詳情頁、資訊流廣告。

很多人只盯著長文案，其實這是個誤解。不管什麼管道的廣告，只要成交，都是對人性和人類行為習慣的把握與控制。所以，空閒時可以刷刷電商詳情頁、資訊流廣告等。前期我拆解的很多案例，都是詳情頁和朋友圈看到的資訊流廣告。

第三個來源：有贊商城。

打開有贊商城的分銷市場，輸入你要找的領域，就會出來很多不同類型的案例。你可以多拆解自己研究的領域。

第四個來源：自己生活中的素材。

自己生活中的素材包括的太多了，比如逛街時看到的海報、傳單，滑手機時看到的產品軟文，別人微信群發的廣告，甚至線下店銷售員的推銷話術等。例如，針對一張接女兒放學時收到的小卡片，我就寫了一份一千五百字的拆解分析。透過這樣的訓練，可以提升你的敏感度，也就是所謂的內行看門道。

POINT

爆款文案

- 拆解前必須搞清楚的三個前提：第一，看數據。第二，了解顧客群。第三，找到切入點。明白這三個前提，你才能還原作者的思路，拆解才有意義、有結果。
- 高效拆解爆文的五個步驟和要點。第一步，拆解標題。第二步，拆解開場。第三步，拆解證據鏈。第四步，拆解結尾。第五步，歸納、總結和思考。不管是哪一步都有一個大原則：拆解表面的套路，思考套路背後的賣貨邏輯，以及舉一反三。
- 拆解素材的四個來源：第一，賣貨類、種草類大號。第二，電商詳情頁、資訊流廣告。第三，有贊商城。第四，自己生活中的素材。當你掌握本節的三個知識點，並堅持刻意練習，你才能做到拆解一篇就有十篇的收穫。

第 5 章

這是你通往財富自由的最強武器

1 朋友圈賣貨：建立兩個人設，打三次交道

提到朋友圈，相信你肯定聽過：「你的朋友圈價值百萬」、「朋友圈就是印鈔機」、「做好朋友圈，普通人也能躺著賺」，於是，你信心百倍的交了錢，做了代理，拚命發文，然而別人在朋友圈能賣出幾十、幾百單，收款幾千元，你運氣好的話，才有、一兩單。

我有位學員，是某二線城市的公務員，每月工資五千元，不高但好在穩定。她聽說別人靠朋友圈月入幾萬元，內心蠢蠢欲動，瞞著老公刷了八．八萬元的信用卡做了代購。每天勤奮發圈，但半年過去了，本錢還沒收回來。她找我訴苦：我每天拚命賣貨，一個月都賺不到一千八百元，朋友圈哪裡價值百萬了？

為什麼你發的內容沒人看、沒人買，甚至被列入黑名單？但與此同時，又總有人把朋友圈玩得風生水起、賺得盆滿缽滿呢？

這裡就不得不提到，很多人朋友圈賣貨的誤解：

- 朋友圈全是產品廣告。
- 沒有一個鮮明的人設。
- 沒有給粉絲提供價值。
- 剛加好友就群發廣告。

其實，正確的朋友圈賣貨邏輯，應該是先建立信任再賣貨，而建立信任的第一步是打造一個鮮明的人設。

人設包含兩方面：專業人設和生活人設。專業人設就是你在職業中的人物設定，比如你的職業、專業成績、客戶對你的口碑評價等。生活人設就是你的個性、特點、興趣、生活中的形象等。

比如，我的職業是賣貨文案，客戶對我的評價是專業、值得信任，我的個性是務實、接地氣、愛好閱讀。最後提煉一句話就是：兔媽是專業的賣貨文案操盤手，她喜歡閱讀，性格是務實、接地氣。這句話就是我的人設。

第一個問題：不專業怎麼辦？

有些學員說：「兔媽，我什麼都不會，不專業，怎麼辦？」其實，專業是相對的，一是自己成為專業人士，二是讓別人以為你是專業人士。

自己成為專業人士不難。買一些書，關注一些同行大咖的公眾號、微博，有條件的話聽聽線上、線下課。經常學習、總結、歸納，一、兩個月，就能入門；五、六個月，就能成為半個專家，起碼也比普通人懂得多。

讓別人以為你是專家，則要把每天學的內容透過朋友圈展示出來，讓別人知道你在這個領域有見解、有研究。

比如你是賣服裝的：首先，買幾本穿搭和色彩搭配的書，關注一些穿搭達人的公眾號，參考他們的觀點，用自己的話表達出來。

其次，幫顧客解答問題。比如平胸怎麼穿、個子矮怎麼穿、蘋果型身材怎麼穿、商務應酬怎麼穿等。這裡提供三個常用的範本：

第一，很多人問我＋常見問題＋解決方案～

第二，很多人以為＋常見誤解＋解決方案～

第三，其實＋結論＋解釋原因～

「很多人」就暗示你很專業、很受歡迎，這樣別人遇到同類問題就會第一時間想到你。

最後，多分析案例。案例比理論更實用，也更受歡迎。我就經常發一些小案例，並分析思考。如果你賣服裝，逛街時看到好的穿搭就可以拍下來，然後發文分析這個風格適合什麼樣的人、有什麼樣的視覺效果等。

專業人設的核心是提供有價值的內容，所以你要知道顧客有哪些問題，也就是痛點，和寫文案是一樣的。你解決的問題越多，別人就越覺得你專業。

第二個問題：生活人設等於晒生活嗎？

有些媽媽一天到晚晒娃，而且孩子邋裡邋遢就入鏡；有些人，生活中、工作上遇到不順心的事就發朋友圈發洩；有些人占了便宜就喜歡發朋友圈炫耀。配圖不是哏圖，就是像素模糊的照片，這也是生活化的，但會給人一種很低端的感覺。

所以，生活人設並不是把你的生活在朋友圈直播，而是要過濾篩選。

你要想清楚：**你想給別人什麼樣的印象，然後列出關鍵字**。比如，我希望呈現給大家的形象是正能量、積極向上、生活過得還不錯，圍繞這個形象就可以列出以下關鍵字：讀書、思考、自律、勤奮努力、女兒懂事、老公貼心等，然後，把生活中能體現這些關鍵字的細節記下來。

比如，前段時間我發了一條早起的朋友圈：

「昨天狠下決心，假期三天怎麼也得休息陪孩子一天吧。然而，四點五十分就醒了，拖拖拉拉到五點，決定爬起來趕稿。做了幾個壓肩訓練，五點二十分打開電腦，到現在已經寫了近三千字，好像早上的效率還更高一些。」

這裡就有四個點：第一，休息陪孩子，說明我是職場媽媽，事業家庭兼顧得很好。第二，四點五十分醒，五點起床，代表我很自律。第三，早起趕稿，顯示我勤奮努力。第四，做了幾個壓肩動作，說明我熱愛生活。

再如，前段時間我拜訪很多大老，就發朋友圈寫下和大老聊天的收穫，說明我積極向上、愛思考，而且還表示我圈子不錯。

當然，也可以是工作進展，線上學習、線下活動，與大老的合影、親情友情、成長感悟等。總之，**生活人設不是簡單的晒，而是透過生活細節來佐證你的人設關鍵字**，讓大家熟悉你、信任你，甚至把你當作榜樣。

這也是我強調的功利性發圈法，你發的每條朋友圈都要給人設加分。這樣，別人一看就知道你是做什麼的，是怎樣的一個人。

謀劃了這麼多，我們的終極目的是透過朋友圈把產品和服務賣出去。所以，你不可避免的會遇到另一個問題：產品廣告怎麼寫，才能既賣貨又不傷人設？

寫產品軟文的常用套路和三個步驟

寫產品軟文有個原則：一定要「以人為核心」。產品再好，你赤裸裸的叫賣也讓人覺得浮誇、不信任。

正確的方法是：多寫你的體驗、場景利益、協力廠商證言或案例。真實的體驗過程，讓粉絲相信你是親自用過的。場景能激發顧客的美好想像，協力廠商證言和案例能讓顧客產生共鳴，並預期會產生同樣的結果。有預期，就會有欲望。

以下是我提煉的寫產品軟文的三個步驟。

第一步：寫下產品說明。

產品說明包括你賣的是什麼？要賣給誰？特色有哪些？

比如賣面膜，你就可以按以下方式來寫：

產品：美白面膜。

顧客：經常熬夜、想要變白的女性。

特色有：醫美級美白成分，效果明顯。每片二十二毫升精華。泰國進口蠶絲等。

第二步：用不同套路，突出某個特色給顧客帶來的獲得感。

什麼是獲得感？就是給顧客帶來的可量化、可感知的好處。比如，你要突出美白效果明顯」這個特色，可以用試用體驗來寫。

另外，寫試用體驗時還有個小技巧，就是你可以和其他同類產品的試用感受進行對比，凸顯產品的好。比如這樣寫：

我用了一週，臉上的痘印就不見了，比 SK-II 美白面膜好用，第二天還覺得皮膚滑滑嫩嫩的。

● 用場景利益寫：

上個月公司年中總結會，每天加班到晚上一點多，心想堅持這麼久的美白功課又要被打回原形了。但熬了一週，皮膚還是很透亮，太讓我驚喜了！連一起熬夜的同事都嫉妒的說：「明明一樣熬夜，憑什麼你的臉像沒熬一樣。」其實，我原來也一樣，別說熬一週，一天臉就垮了，這次多虧面膜救急。

● 用協力廠商好評或案例寫：

剛剛老顧客菜菜留言說，她上週六熬夜到凌晨三點多，一整天出門也沒塗防晒，第二天以肉眼可見的速度黑了。我原本以為對她效果不明顯，接著她又說，星期天晚上急救敷了一片，敷完第二天就白了一點點。我就說嘛，醫美級美白成分，絕對靠得住！

但平時學員在諮詢時經常會提到一個問題，沒有顧客證言怎麼辦？正確的做法是主動向顧客要好評。

比如我的電子書發售時，就讓助手去和買過的人聊天，問對他們寫稿有什麼幫助，就收到很多好評。

注意，你的提問一定要夠具體，**不要問「覺得怎麼樣」**，這樣得到的答案十之八九是「差不多」，沒什麼意義。**正確的方法是，問具體的某個點。**

比如，你覺得面膜的精華多不多？和以前用的比起來怎麼樣？他就會說：「精華好多，比以前用得多。」這樣你就可以截圖、馬賽克發朋友圈。

第三步：修飾表達，讓文案更有吸引力。

初稿寫好不要著急發布，還要想一下能不能再修飾，比如用提問開頭、用專家人設開頭、製造懸念等。

● 用提問開頭：

為什麼網紅達人都大力推薦這個美白成分？我親自體驗後才明白，太神奇了！

● 用專家人設開頭：

很多人問我，面膜要敷多久才能見到效果。

● 用懸念開頭：

這款面膜惹大禍了！接連好幾個人問我是不是偷偷打了美白針！不過，可以毫不誇張的說：真的太讓人震驚了！

然後，後面加上你的試用體驗。

● 用「你」字互動：

試用體驗＋互動引導：你覺得我像打了美白針嗎？（**配上變白前後的對比圖**）

另外，還可以把產品特色寫成小科普，比如產品原料、製作、生產過程、產品故事、原理等。當然，不能太生硬，你可以使用寫文案常用的五種講人話技巧。

但還有學員說：兔媽，這些方法好像更適合實體產品。如果我要在朋友圈賣知識付費課程，轉發推文的推薦語怎麼寫，別人才願意點擊、轉化率才會高呢？

這裡，我總結了兩個範本：

範本一：普遍痛點＋文章主題＋圓滿結局

先指出目標客群的痛點，讓他產生共鳴。然後引出文章主題，並暗示這就是你產生痛點的原因。最後，給出圓滿結局。為了解決痛點，獲得圓滿結局，粉絲就會點選連結查看原文。這個範本對提升點擊率非常有效。舉個例子，這是我被有贊學院轉發的一篇文章：

很多人寫稿的狀態是：收拾好桌面，沖一杯咖啡，打開Word，腦袋一片空白，半天掰不出一個字。其實，關鍵問題在於你準備工作沒做好。四步準備工作，讓你寫稿更輕鬆。

範本二：我學了＋學習收穫＋適合人群＋引導行動

「我學了」是告訴朋友圈粉絲，這個課程是你學過的。「學習收穫」寫出你透過學習，獲得的成績和改變。

「適合人群」指出課程適合的人群，讓潛在顧客對號入座。「引導行動」是用限時限量、價格錨點等引導粉絲馬上下單，這一步也可以放在評論區。

有位學員就用這個範本推薦兔媽的文案社群。她說發完朋友圈不到一小時，就有十二個人私訊她問怎麼買。

她的文案是這樣寫的：

> 加入兔媽文案社群已經一個月了，我是一個當全職媽媽的文案新手，開始不知道從哪裡下手，現在每天用兔媽給的範本堅持練習。今天居然有客戶主動找我寫文案了，三百元收入不高，但好開心。強烈推薦想透過文案變現、獲得更多業務的朋友試試。這裡的文案套路很好用，案例也非常實用。現在還是特價一百零九元，感興趣的趕緊報名！

其實，這個範本的本質還是顧客案例，只是這個顧客是你。粉絲看到你的收益對比，就會覺得「你學完後能獲得成長，我肯定也可以」。所以，這個範本對提升轉化效果很好。

最後要強調的是，不管是實體產品還是知識付費產品，每條朋友圈最好只說一個點。這樣不會重複，而且你每天都不缺素材。

當然，千萬別忘了最後一步：評論區引導下單。比如某明星都在用的產品，某大咖都在推薦的課程，原價一百九十九元，限時九十九元，明天八點恢復原價＋購買連結。可參考引導下單的四個方法。

我建議你每天發四到八條朋友圈：言之有物的內容一到二條，個人生活一到二條，科普一條，產品軟文二到三條。另外，要注意發朋友圈的時間，不能什麼時候有內容就什麼時候發，而要選擇粉絲活躍的時間段發布。

主要有五個時間段：①早上七到九點的上班高峰期。②上午十一點五十分到下午一點半的中午休息時間。③下午三點五十分到四點五十分的下午茶歇時間。④下午六到七點的下班高峰期。⑤晚上八點半到十點半的晚上放鬆時間。

打三次交道，陌生人變熟人

打造了人設，發了軟文，就坐等訂單上門嗎？九九％的人是這樣的。但朋友圈賣貨高手不會告訴你，讓訂單量翻倍的成交祕笈，就是私訊溝通。你會發現有些人持續關注、按讚，甚至諮詢，但就是遲遲不下單。所以，你要主動出擊。我有個朋友，是知識分銷領域的大V[27]，不管賣什麼課，別人都願意找他買。我問他原因，他說了三個字：「多聊天」。

可能你會說：兔媽，我試過，但顧客很抵觸，根本聊不下去。沒關係，我在這裡歸納總結了與粉絲建立信任的三次溝通法則，可以助你輕鬆實現訂單翻倍。

為什麼是三次呢？統計表明：打三次交道，就能從陌生人變成半熟人，甚至熟人。

第一次：自報家門＋送禮，快速破冰。

如果你們從來沒說過話，對方會想「找我什麼事？」他會很戒備。所以，你要先自報家門。但自我介紹不能太硬，也不能太長，要突出你的專業、成績以及能給對方帶來的價值。

然後，送上產品資料或產品小樣。你可以說：「經常看到你給我按讚，特別感謝。送你一份小禮品，相信能幫上你。如果你有某方面的問題，也可以問我。」

就像我這位朋友，如果分銷（按：建立銷售渠道）我的課，他就給按讚的人送一份我的產品。這樣別人覺得他很真誠，而且也了解了課程的價值，就會找他買。如果你賣護膚品，就可以準備一份護膚妙招。

27 在微博上擁有超過五十萬粉絲的公眾人物，意指網絡上的意見領袖。

第二次：找到興趣點，建立共同認知。

如何找到切入點呢？答案是看他的朋友圈。

比如一個人經常發健身、跑步的消息，你就可以說：「好佩服你，平時上班那麼忙，怎麼做到每天跑步的？我也很想跑步，但每次都堅持不了幾天。」如果對方經常晒娃，就可以說：「你女兒好可愛，我女兒和她差不多大呢。」聊到差不多時，找藉口說要發貨等，讓對方覺得你很忙，事業做得還不錯，引起他的注意。

另外，這次要改稱呼了。男生叫哥，比自己小就叫帥哥，女生叫美女，如果明顯年紀大的，可以叫姐姐。實在不行，就稱呼暱稱。暱稱較長的話，就簡稱其中某兩個字。比如「飛燕小小」可以叫小小或飛燕老師。在朋友圈還要常和他互動，按讚＋評論＝關心。如果對方賣產品，也可以買一份。這樣很快就能與對方建立情感連結。

第三次：挖掘痛點，吊足胃口。

比如你賣母嬰產品，透過聊天知道對方的孩子不好好吃飯，晚上睡得也很晚。你就可以說某顧客的孩子也是這樣的情況，然後你用什麼方法幫他解決了，現在是什麼情況等。

可能很多人會納悶，何時講產品呢？答案是在朋友圈！

他會對你好奇，覺得你很專業，人又貼心，還不推銷產品，對你的印象就很好，甚至主動翻你的朋友圈！在需要時，他也會首先想到你。

現在不管在朋友圈賣什麼，都能看到同行，而且一個微信只有五千深度連結（Deep Link）

好友。所以，朋友圈賣貨拚的不僅是文案、人設，還有系統化、精細化的運營，這也是朋友圈賣貨的真諦！

POINT

爆款文案

- 朋友圈賣貨第一步：打造鮮明的人設，包括專業人設和生活人設。打造專業人設要多輸出你的見解和觀點。生活人設要列出目標形象的關鍵字，然後把體現關鍵字的生活細節展示出來。這樣才能讓別人熟悉你、記住你、喜歡你、信任你。
- 產品軟文的三個步驟：第一步，寫下產品說明。第二步，確定合適的套路。第三步，修飾表達，讓文案更有吸引力。總結轉發推文時常用的兩個推薦語範本：第一，普遍痛點＋文章主題＋圓滿結局。第二，我學了＋學習收穫＋適合人群＋引導行動。
- 快速與粉絲建立信任的三次溝通法則：第一次，自報家門＋送禮，快速破冰。第二次，找到興趣點，建立共同認知。第三次，挖掘痛點，吊足胃口。掌握了以上法則，你的朋友圈訂單也能翻倍。

2 社群賣貨，零基礎也能收款十萬元

現在，社群是很熱門的一個名詞。中國著名財經作家吳曉波說：「社群是互聯網送來的最好禮物。」還有人說：「社群是普通人最後崛起的機會。」

可能有讀者會困惑：兔媽，別說賣貨收款了，我的幾個群組每天只有幾個人發發表情，問問好，偶爾發個連結，讓大家按個讚、投個票。哪裡有機會呢？

以下，我先分享兩個案例。

第一個案例是我的朋友濤哥，也是我的老師，他在二〇一九年一月透過社群發售，賣自己的賣貨研究社群，收費九百九十八元，兩天時間賣出一百零三個，成交金額一〇．二萬元。

第二個案例是二〇一九年六月我的電子書上線，定價三十九．九元，很多人說比實體書還貴，也不看好，但我透過三天的社群發售，成交了一千三百七十七套，其中包括八十九．九元和七百九十九元的大額套餐，最後成交金額一〇．七萬元，購買轉化率高達四〇．一八％。

如果是在朋友圈，就算是頂級高手，轉化率頂多也就是一〇％。你可以想像一下這樣的場景：你的產品要上市了，你在朋友圈發出通知，可能很多人還沒看到就被刷過去了。但如果是社群，你可以像新聞發布會一樣詳細介紹你的產品，還可以請老顧客和大咖給你助威，而且只要有一人下單，從眾效應將起作用，其他人也會跟著下單。更重要的是，社群賣貨的門檻和成本很低，就算你沒客戶、沒預算、沒團隊，也能透過社群賣貨快速賺到第一桶金。

那麼，如何做一場收款十萬元的社群發售？我拆分成了三大板塊，分別是建立群組（按：類似臺灣常用的 LINE 群組）、預熱、發售。

兩個方法，讓顧客搶加群組

建立群組不難，難的是怎樣吸引潛在顧客，並且讓他們喜歡你的群組，這裡有兩個常見的誤解。

誤解一：不打招呼，也不管別人願不願意，就拉進來。結果被拉進來的人很反感，沒等你宣傳產品就退群了。

誤解二：靠紅包和禮品誘惑。承諾發多少元的紅包，價值多少元的禮品。的確，這樣能快速吸引人，但吸引來的都是貪小利的人，效果也不好。

那麼，怎樣才能快速吸引目標顧客，又不會讓他反感呢？我來推薦兩個方法：

第一個方法：朋友圈徵集。

朋友圈徵集包括三方面：一是你自己發朋友圈，說有事情要說，感興趣就在評論區回覆

+1，然後拉群。二是讓實力和你相當的好友幫你轉發，這一次他幫你，下一次你幫他，彼此幫忙。三是找擁有大量粉絲的大V借勢，但前提是你要先提供他需要的價值，這樣他才願意幫你。

另外，你不能直接說：「我要建群發布新品了！」這樣肯定沒人加入群組。如何發才能吸引人？主要有以下四個要點。

● 懸念反差＋承諾。比如，我幫好友濤哥發布社群發售通知時就用了這個技巧：開頭用「很多人邀請他開課，他拒絕了」，製造反差。然後用嘉賓身分做出承諾：都是真金白銀實操出來的實用內容。一個微信群是五百人，我這條朋友圈就幫他引流了一百零二人。

● 痛點＋解決方案。比如你要賣面膜，可以先直擊痛點：網紅面膜用了很多卻沒效果，大牌面膜又捨不得。給出的解決方案是：讓你花買菜錢，用到千元品質的面膜。

● 請求粉絲幫忙。你可以發消息說耗時多久的新品要上線了，想請大家幫忙做個小小的調查研究。感興趣的回覆+1，你會拉一個群組，還會給參與的人送一份小禮品。實物產品送試用裝，虛擬產品就送資料包。在獲取好友按讚的過程中，你就完成了對準顧客的篩選。

● 公布超值福利。在以上三個要點的基礎上公布福利，比如會給一個有史以來的最低價，群組外的人是享受不到的，並且還會發紅包和禮品。

第二個方法：講課。

你可以借助直播平臺，比如千聊、荔枝微課等。也可以透過群直播軟體多群同步講課。可以講免費公開課，也可以講收費課。

比如二〇一八年十月我就做了一次免費公開課，想聽課的人必須將海報分享到朋友圈並截圖給我，才能獲得免費聽課資格。透過這個方法，吸引了九百多人來聽課。

在二〇一九年發售電子書時，我做了一次收費公開課，三天課程收費九．九元。課程主題很吸引人，性價比又很高。而且可以參與分銷，每分銷一個就能獲得九九％的分銷傭金，所以就會有很多人願意幫我分銷，最後吸引了三千兩百多人來聽課。

但不管是採用哪種方式，要學會借勢種子用戶（按：目標用戶群體中，具有代表性的人）快速裂變。具體有以下兩個步驟。

第一，尋找種子用戶。

種子用戶是裂變傳播（按：透過客戶的社交圈影響力，把產品及服務，快速擴散，產生影響力）的原動力。去哪找種子用戶呢？

首先，是你的朋友、同事、家人等。其次，是你混群結交的同類人、大V等。最後，是你在打造朋友圈專家人設時和你互動多的人，比如常給你按讚、評論的，你可以私訊他。

第二，設計裂變海報。

課程能不能吸引人，海報是關鍵。設計海報有以下六大要素：

- **海報主題**：主題要讓人看見的第一眼就能理解，對他有什麼好處。比如：

①「我怎樣幫助一千五百多名新手賺取文案第一桶金？」

②「兔媽揭祕：如何從零寫出賣貨千萬爆文，每月多賺五萬元？」

首先，用提問引發好奇。人只要被問到，就會「想知道答案」，這是天性。為了尋找答案，他就會點擊付款。

其次，篩選目標客群。「一千五百多名新手」、「文案」、「從零」這些關鍵字，精準鎖定文案新手。

最後，凸顯金錢獲得感。「幫新手賺到第一桶金」、「每月多賺五萬多元」，明確給出課程帶來的結果利益，激發欲望。

- **課程講師**：包括兩個要點，即權威背書＋案例成績。
- **課程大綱**：不要講生硬的課程資訊，要與顧客的痛點和需求產生強力關聯。
- **大咖背書**：權威推薦能降低粉絲選擇風險，獲取信任。
- **促使成交**：價格錨點凸顯價值，限時限量製造緊迫感，超值福利加強誘惑。
- **讀取順序**：中文字的閱讀順序是，從上往下、從左往右、從大到小，然後還會先讀顏色不一樣的文字。

比如，海報中不同大小、顏色、色塊的設置都是對整個閱讀體驗的安排。這樣可以加快粉絲閱讀速度，縮短決策成本。

最終總流覽人數五千七百一十七人，付費的有三千兩百六十七人，轉化率為五七・一五%，創下業內所有活動的最高紀錄。

試過兩個方法後，我的建議是：收費課更利於後期轉化。如果你怕收費沒人報名，可以把價格定低一些，比如六．九元、二．九元等。

第三個方法：和有群組的ＫＯＬ合作。

這裡有兩個前提：第一，你和群主的關係不錯。第二，ＫＯＬ群（Key Opinion Leader，意見領袖）內成員的用戶畫像和你的目標顧客是匹配的。比如，五月有位好友上架了一款口紅，但自己沒資源，也不想自己建立群組，就想在我的群裡發售。但我的群成員主要是學文案的，不匹配，我就拒絕了。不過我給他推薦了幾個媽媽群、禮品群的群主，讓他先給群主送個試用裝，然後提前談好利潤分成。

這樣的好處是可以省去建群的麻煩，而且有群主的信任背書，也更容易成交。但缺點是，你只能實現賣貨，很難加強自己的人設。

兩招快速預熱，產品還沒發售顧客就想買

我認為一次成功的社群發售，不僅要告知顧客買你的產品、服務，還要能讓你和顧客建立連結，以便未來其他行銷策略的執行。也就是說，這次活動要能為你的人設加分。

你可以根據自己的情況，選擇不同的方法來建群。建議在發售前一到二天建群，這樣可以省去很多管理成本。

預熱的目的是建立信任感，讓群成員認識你、熟悉你、認可你、信任你，這也是社群賣貨

成功的關鍵。一般來說，預熱時間是一到二天，主要有以下兩個要素。

第一，公布群規和管理員分工。

建好群的第一項任務就是公布群規，比如不能發廣告、講課期間禁言等，並提醒流程安排。另外，設置管理員，包括主持人、助威團等。然後，還要明確崗位分工。主要有兩個原則：

一是，流程話術要傻瓜化，管理員只需複製、貼上即可。

二是，激勵機制要可量化，比如得票最高的管理員可獲得紅包獎勵等。

第二，分享＋答疑，預熱造勢。

準確來說，分享嘉賓是你的鐵粉（按：類似臉書的頭號粉絲）。但千萬不能太生硬的說這個產品多好、自己多厲害，這樣一看就很假。有兩個要點：一是有前後對比，特別是之前的糟糕情況和之後的變化。

二是有產品。舉個例子：如果你是賣減肥產品的，可以找幾位減肥成功的顧客來分享，先分享之前胖的經歷，再分享如何用產品成功瘦身的，並給出瘦身前後的對比圖。另外，還要分享一些減肥產品，比如運動、飲食等，讓粉絲覺得有收穫。

透過分享，讓人對你或你的產品產生好感。更重要的是，給粉絲一種正面暗示：「和我一樣的普通人都做到了，我也一定能做到。」

一般設置二到三位嘉賓分享，每次分享十五到二十五分鐘。另外，嘉賓分享結束，還要解答粉絲的問題。一來讓粉絲覺得有收穫，二來讓他參與進來，增加群組的活躍度。還有個小細節，嘉賓分享前要發倒計時紅包暖場。也可以穿插和產品有關的競猜、遊戲抽獎等，中獎粉絲送現金紅包、產品小樣、代金券等。

掌握發售六步驟，訂單下不停

第一步，痛點恐懼＋顧客案例＋理想場景，激發粉絲欲望。

先指出目標顧客普遍的痛點，再展示受益的顧客案例。並告訴粉絲：「曾經他們也和你是一樣的情況」。讓粉絲產生積極心理暗示，「別人能做到，我也能做到」。

另外，還可以描繪出顧客心中的理想場景，比如「有了這套課程，你也能體會推文一發出去訂單就蹭蹭暴漲，商家、金主主動送錢到你手裡的感覺。」一正一反，形成反差，激發顧客對現狀的不滿、對美好生活的渴望。

第二步，講述產品研發的故事。

透過這一步，給粉絲傳達「這是一款重磅產品」，引發粉絲的好感和好奇心。常用的有兩個技巧：第一，遇到的反面人物：好的故事都是有衝突的。比如，我就講到寫書時，來自朋友、家人、客戶的打擊。第二，付出的代價。比如，為了寫書，我推掉很多合作機會。大綱被推翻了幾十次，五十二位編輯反覆校對了兩百次，這樣粉絲就會覺得「花費這麼多人力、物力，肯定值得信任」。

第三步，競品對比。

顧客已經被你的故事吸引了，但付款時會想：「你的故事的確很感人，但我已經買過其他產品了呀。」所以，你還要透過競品對比指出你的產品和市面其他競品的區別，凸顯產品的獨特利益，告訴他「這個產品和其他不一樣」。

第四步，顧客證言。

你羅列再多好處也是自己說的，還要給出其他顧客證言，這樣粉絲就會覺得「大家都說好，應該是不錯的」。而且顧客證言要選凸顯產品賣點的，比如「兔媽的電子書是文案界的新華字典」，其他人就會覺得「這麼厲害，買一本看看」，進而激發購買欲望。另外，還要配上好評截圖或影片，讓人覺得真實。

第五步，權威背書。

對不了解的產品，很多人都喜歡參考權威的意見。「大老都說好，肯定錯不了。」但平時經常有學員諮詢說：「兔媽，我這款產品沒有權威，怎麼辦？」你可以借勢身邊的相對權威。比如，如果你賣蛋白粉，就可以請你的健身教練試用並且推薦，然後就可以說「國家二級健身教練都推薦」。

第六步，成交收款。

假如你的發布會非常成功，有八〇%的人感興趣，如果結尾輕描淡寫的說感興趣的朋友快下單吧，可能銷量也就幾單。但如果你設計一個讓顧客覺得「買到就是賺到」的成交方案，可能會增加兩倍，甚至三倍的銷量。這裡常用的技巧有以下三個：

第一，價格錨定：比如市面上同標準的產品都是九十九元，我們的六十九元，而且群內成員只要三十九元。

第二，限時、限量、限身分：這裡有個要點是一定要給出限時限量的理由，比如為了讓大家熟悉這個品牌，我們是以成本價出售的，所以只限三百套，而且只限群內成員，群外是不能享受這個價格的。

第三，超值贈品：贈品是促進購買的一個關鍵因素，能讓人覺得占了便宜。當然，並不是所有贈品都可以。在選擇贈品時，要注意以下四個技巧：①贈品要能讓顧客更好的達成目標。比如你賣洗面乳，送產品包肯定就沒吸引力，你要送潔面儀、面膜等，因為這些能讓顧客的皮膚更好。②要塑造贈品價值。拍精美的照片，標出贈品價格以及給顧客帶來的好處。③贈品也要限時、限量，比如說僅限前一百名下單的人。④贈品要設置門檻。比如，把下單截圖發到群組裡，可以更快幫你安排。這樣的好處是，其他顧客看到這麼多人下單，從眾和稀有性起作用，也會跟著下單。

到這裡就結束了嗎？NO！最後還有一個非常重要的環節，就是結營儀式。然後，倒計時解散群組。首先，如果不解散群組，後期管理成本會很高，而且如果有人說壞話或申請退款，就很難控場。其次，如果草草解散，你費盡心思引流來的人就流失了。正確的方法是舉行結營儀式，主要包括四個要素：一是說出你的心裡話。二是總結發售情況，凸顯火爆。三是倒計時解散群組，營造稀有性和緊迫感，促使人們快速做決定。四是引導粉絲加你私人號。

POINT

爆款文案

- 正確建群的三個方法：第一，朋友圈徵集。可以自己發朋友圈，也可以和實力相當的人互推，或者借勢大V。第二，講課，可以是免費公開課，也可以是收費課。具體有兩個步驟，即找到種子使用者和設計裂變海報。第三，和有群組的KOL合作。
- 運營和預熱微信群的三個絕招：第一，用傻瓜式的流程話術和激勵政策，調動管理員的主動性。第二，請鐵粉做專題分享，讓粉絲熟悉你、信任你。
- 正確發售產品的六步驟和注意事項：第一步，痛點恐懼＋顧客案例＋理想場景，激發粉絲欲望。第二步，講述產品研發的故事，與顧客建立情感連結。第三步，競品對比，凸顯產品獨特的價值利益。第四步，顧客證言。第五步，權威背書。第六步，成交收款。最後，用結營儀式打造第二波成交高峰。

3 用賣貨思維提升六〇%的成交率

掌握了正確的賣貨文案寫作方法，那麼怎樣提高學習效率、短期獲得更大的進步呢？我的答案是：用這項技能去賺錢。

對於大多數人來說，為了「提升自己」或「對文案感興趣」去學文案課，通常沒有用，因為這個目標太虛了，不能量化，也沒有回饋機制，你根本堅持不了。但如果用學到的文案寫作方法去接稿、賣貨、和老闆談判，發現每個月多賺了幾百元、幾千元，這個方法就會刻在你腦子裡，想忘都忘不了。更重要的是，當你真正體會到賺錢的快感，就像被注入了源源不斷的能量，你就會願意學習更多知識。

說到接稿，很多學員經常問我一個問題：「兔媽，明明我也有七、八年的文案經驗，自認為寫得也不算差，為什麼同樣一篇文案，別人能收幾千、甚至幾萬元，我只能收五百元，你看我多冤枉？我明明比別人收費低、態度也不差，怎麼報完價格，客戶就沒了下文？」

還有一次，一位做新媒體運營的學員問我：「兔媽，我做新媒體運營差不多三年了，有經驗，自認為也算衷心耿耿，每天加班到深夜，怎麼升職加薪卻比別人慢半拍？」

其實這些問題，都是對人的行銷出了問題。

你自己優秀和讓別人認為你優秀是兩件事情。如何達成外界對你的有效認知，讓別人認為你是優秀的、可靠的、有能力的、值得萬元稿費或薪酬的，這是對人行銷的本質。

事實上，推銷自己和推銷產品是一樣的，你要了解目標使用者是誰，他有什麼樣的需求和痛點，你能幫他解決什麼問題，幫他達成什麼樣的結果，以及如何讓他相信你有這個實力。

掌握了以下三個關鍵點，你也能輕鬆提升六〇%的成交率，漲薪三到五倍：

第一個關鍵點：要站在對方的角度，販賣希望。

其實，這就是我們強調的用戶思維。只是這裡的使用者不是購買產品的顧客，而是購買你服務的老闆或商家。

那麼，什麼才算是站在對方的角度？我先來分享我在醫院工作時親身經歷的兩件小事。

第一件事：二〇一七年九月，一位做小程式開發的業務員想拉我們醫院的業務，當時院長安排我接洽。他先從小程式的趨勢切入，然後講他們公司在小程式開發方面的實力，最後說如果現在不註冊，很多關鍵字被競爭對手搶先註冊後，想註冊也註冊不了。他滔滔不絕的介紹，但坐在對面的我早已沒了耐心。

第二件事：二〇一八年四月，一家自媒體廣告公司的業務經理來醫院談合作，目的是讓醫院在他們公司開戶投放廣告，當時除了院長和幾位主管外，還有我在場。他首先說很早就看過央視對醫院的幾期報導，然後試探性的問現在醫院開展的新媒體宣傳專案除了公眾號、還有哪些，緊接著指出公眾號行業點擊率走低的普遍痛點，最後給出新媒體廣告投放的建議以及預期的收益。

你發現兩者的區別了嗎？第一位業務員就是站在個人角度談自己的成功，而第二位業務經理就是站在對方的角度販賣希望，讓對方覺得用他的方法，現存的問題就有希望得到解決。如果是你，你會願意和誰合作？答案顯而易見。和第二位經理溝通了四十分鐘，院長就同意開戶，並儲值兩萬元。

所以，你不要講自己多優秀，而要講自己的優秀和對方有什麼關係。

平時我經常看到一些學員發的自我介紹是這樣的：「我叫某某，任職什麼崗位，曾經在某某文案訓練營獲得優秀學員稱號，靠文案變現多少錢，期望有機會與您合作。」但客戶看到會說：「你是優秀學員、變現多少錢跟我有什麼關係？」甚至還會引起別人的反感情緒：你不就是想賺我的錢。這就是沒有站在對方角度思考問題。

正確的做法是什麼呢？你要講與客戶有關的事、客戶關心的事。比如，先了解他們的產品是什麼、有什麼樣的特色、以前有沒有線上投放過。如果沒有，以往的宣傳管道有哪些？如果線上投放過，推廣中存在的問題和難題是什麼？

但這裡需要注意的是，你不能生硬的問：「你們的產品有哪些特色？」這樣客戶的回答可能不全面，你再繼續問，客戶就會不耐煩，溝通效率很低。正確的方法是引導性提問。

比如，這類產品近幾年很火，市面上這類產品也不少，大部分賣點都是什麼，不知道這款產品除了這些相同點，還有哪些不同點？這樣不僅能凸顯你的專業，更重要的是打開話匣子，讓對方更願意談產品的特色，你也能更全面的了解產品，讓溝通更高效。

再舉個例子，如果你去面試，你就可以先講對公司的了解和印象，以及說出你為什麼對該公司充滿敬仰。畢竟面試一個對公司感興趣、也很了解的人會讓老闆更加興奮。切記：不能浮於表面的拍馬屁，而要真正去公司官網研究一下，說二到三條他們引以為傲的點。另外，還要聊聊行業的趨勢和痛點，以及你應聘的崗位，比如一個合格的文案人員要具備什麼樣的素質等。

總之，不管是與客戶談判還是求職面試，你都要講與對方有關的內容。這就像一種「口頭的握手」，讓你與對方快速的建立連結。

第二個關鍵點：少講大道理，多用事實說話。

當對方對你這個人感興趣了，接下來你就要說明你有能力幫他解決問題。但你不能說「我是某某第一人，我對這個項目有信心，我這個人在圈裡的認可度是很高的，交給我你就放心吧」一類似的話。你要給他一系列事實證據，讓他相信你是真正有實力的。

比如，你幫某位客戶寫的文案，閱讀量多少、轉化率多少、賣貨多少、提升了多少等案例成績。但經常有很多學員說：「兔媽，我是新手，沒有成功案例，怎麼辦？」教你兩個方法。

- **宣傳產品，塑造專業人設**。

你可以透過初步調查研究，了解市面上同類競品有哪些，分別是怎樣的，產品的目標客群有什麼樣的需求和痛點，並指出選擇投放管道時要注意哪些問題，以及現有文案中有哪些問題，調整建議和方向是什麼等。

透過這些建議，讓客戶覺得你對賣貨文案是非常有研究的，對產品分析也是很透徹的。在求職面試或與領導談升值加薪時，也同樣有效。比如，我的助手龐娜，她是剛畢業的大學生，沒經驗、沒資源，短短八個月晉升運營主管。她就是在開早會時，分享跟兔媽學到的文案知識，以及幫兔媽運營社群的經驗，領導看她對運營挺有研究，就任命她為運營主管，工資也由原來的四千元每月漲到一．二萬元，是原來工資的三倍。

● **準備好一份實驗作品**。

首先，選一篇你覺得有改進空間的文案，然後修改一遍。你可以把原文和修改後的文案發給客戶，好壞一目了然。其次，找一篇當下比較火的爆款案例，寫一篇深度拆解文。

比如我剛開始接稿時，有個美妝產品的客戶找我，但當時我沒有美妝案例，我就把當時非常火的洗面乳文案拆解一下發給他，他看過後就直接確定了合作。

其實，客戶問你有沒有案例，很多時候並不是真的嫌你沒案例，他只是用這種方式表示出了不信任。他需要你幫他解決這個顧慮，讓他堅定選你不會錯的信心。所以，就算你沒案例、沒成績，也可以透過這些方法，讓他看到你是專業的。

第三個關鍵點：給客戶帶來的價值利益要可量化。

我們買東西時，要的是產品能帶來什麼結果和好處。同樣的道理，客戶花錢找你寫文案、老闆花錢雇用你，他要的也是你的文案和能力能給公司帶來好的結果。比如，你可以幫公司實現什麼樣的目標、公眾號漲粉多少、閱讀量增長多少、轉化率提升多少等。

把點擊變現金，先自我行銷

可能有人會說：「兔媽，這樣承諾結果，會不會讓別人覺得你吹牛，反而不信任你？」有可能。所以，你的表達要精準、切合實際。這裡有四個量化價值的小技巧：

第一，不要絕對數字。

比如你說：「我能讓你的轉化率提升五〇％」，可信度就不高。但如果你說：「根據以往經驗，透過這個方法，有八〇％的概率能提升三〇％到五〇％的轉化率。」可信度就高了。

第二，加上次要承諾。

假如你說：「我五分鐘就能把產品賣出去」，客戶會懷疑。但如果你補充說：「即便五分鐘沒有賣出去，我也能讓顧客以後主動找我買。」別人就會覺得「即便核心利益（五分鐘把產品賣出去）沒有實現，但實現次要承諾（讓顧客以後主動找我買）也不錯」。

第三，參考同行案例。

你可以說：「我曾經有個和你類似的客戶，他的產品是什麼，他當時的情況是什麼樣的。然後，我給他制定了什麼方案，最終幫他達到了什麼樣的結果。」這樣顧客就會產生一種積極的心理暗示，讓他覺得「你幫別人做到了，也能幫我做到。」

第四，量化服務價值。

你的文案和方法能達到什麼樣的轉化和增長，幫企業提升多少業績，這個結果受很多因素影響，客戶也是能理解的。但是，你可以量化服務價值。

就拿我來說，別人一篇文案幾百元、幾千元，我收一萬元，我的自信在哪裡？除了成功案例，另一個重要因素就是服務價值。比如我說：「我會做詳細的用戶畫像分析，還會整理市面上競品的情況，提煉產品超級賣點，做好產品定位。還會根據投放管道制定不同的標題等。別人只是一篇文案，我做的相當於產品全案。你拿這個內容去做詳情頁，也會更省力。現在市面上廣告公司的全案收費一般都在十萬元以上。」這樣客戶不僅會覺得你很專業，還會感覺物超所值。

最後強調一點，很多學員經常問我怎麼報價，其實沒有一定的標準。很多人喜歡和同行比價，怕報低了吃虧、報高了客戶流失。

事實上，你只要把價值塑造出來，大多數客戶是不會流失的。

我建議：起步時價格可以低一些，我開始就是一篇文案兩百元。重要的是，透過客戶回饋，你知道哪裡寫得好、哪裡寫得不好。對於新手來說，這才是最重要的。當找你的客戶越來越多，報價時就可以參考其他因素。比如，利潤高、客戶實力強、要花費更多精力、時間加急的產品可以適當收高一點。

另外，除了接稿，學習賣貨文案還有哪些變現途徑？

● **諮詢**

比如，幫別人一對一做文案諮詢、個人品牌諮詢、朋友圈賣貨諮詢、推文賣貨諮詢、抖音賣貨諮詢。另外，你也可以根據擅長的領域，專注某個垂直細分領域，比如美妝類文案諮詢、母嬰類文案諮詢等。像我現在一個小時的諮詢費是一千元。

● **賣貨**

當你的朋友圈裡有了各種各樣的人以後，你可以透過賣貨來賺取利潤，從而變現。比如，賣家鄉特產、知識付費產品等，也可以開個有贊微小店，分銷別人的商品。

具體選什麼產品，你可以根據自己的資源和使用者構成來定。比如，你家鄉盛產核桃、粉條等，口碑不錯，而且你朋友圈中的好友也沒有特別明顯的標籤，這種綜合類產品就比較適合你。如果你的朋友圈中女性居多，可以賣服裝、化妝品、母嬰產品等；如果你的朋友圈都是愛學習的人，可以賣知識付費產品，這樣還能塑造你愛學習、積極上進的人設。

比如，我的朋友羅蘭犄就是專門做知識產品分銷的，做出了影響力，現在自己創業，幫別人設計裂變活動，收入也不錯。

● **影響力變現**

什麼意思呢？就是當你有了成功案例、有了粉絲，很多人就會主動找你合作。比如提供文案技能入股、朋友圈廣告位入股，或者讓你擔任公司的文案顧問，這都是不錯的變現途徑。現在我就擔任多家有贊商城頭部商家（按：同類型商家中，銷售最好的）的文案顧問。

● **講課、開訓練營、做付費社群**

你可以在千聊、有贊、荔枝微課等直播平臺開課，也可以和知識付費平臺合作，或者開自己的訓練營、付費社群，教別人怎麼寫文案、怎麼起標題、怎麼寫短影片腳本等。

總之，只要你把賣貨文案技能學好、學精，變現方法有很多。但需要注意的是，起步階段最好專注一種途徑，這樣更容易積累案例和影響力。有了案例和影響力，自然就能實現多途徑變現。

POINT

爆款文案

● 與客戶和老闆談判的三大關鍵點：首先，要站在對方的角度，販賣希望。其次，少講大道理，多用事實說話。最後，給客戶帶來的價值利益要可量化。

● 賣貨文案變現的幾種常見途徑：接稿、諮詢、賣貨、影響力變現以及講課、開訓練營、做付費社群。起步階段，建議先專注其中一種途徑，做出了案例和影響力，就能實現多途徑變現。

4 影響力模型，教你打造吸金網紅IP

什麼是影響力？百度百科的解釋是：影響力是用一種別人樂於接受的方式，改變他人思想和行動的能力。簡單理解就是，一個人在某個領域的分量、信服力和號召力。這聽起來好像比較抽象。

首先，我來分享一件讓我感觸頗深的事情。

在籌備這本書的過程中，很多學員跑來問我：「兔媽，妳的書什麼時候上線，在哪裡可以買到？」、「兔媽，我要買妳的書，怎麼買？」甚至有人直接發來一個字：「買。」

我就在思考：他們沒看過目錄，為什麼會做出這樣的決定？最後，我總結了三點。

第一，我長期在賣貨文案領域建立起來的專家形象。很多學員知道，兔媽連續幫商家打造多個千萬級爆款，在賣貨文案方面是專業的。所以，她的課程肯定也是專業的。「爆款賣貨文案專家」這個人設標籤，就是兔媽個人品牌的內涵。

第二，在往期課程中積累的信用程度。很多學員聽過我在其他平臺的課，他們知道我的課程都是實用內容，並且熟悉我的講課風格和方式，確信聽我的課能有收穫。這是兔媽個人品牌的案例背書。

第三，持續在學員中的曝光度。不管是朋友圈、公眾號還是社群，甚至其他平臺，我都不斷輸出自己在賣貨文案方面的見解和思考，一遍遍的告訴他們：「兔媽是賣貨文案高手，而且成績還不錯。」這是兔媽個人品牌的曝光度。

品牌內涵、品牌背書、品牌曝光度，就是個人品牌ＩＰ的三大基本要素。而影響力就等於品牌內涵×品牌背書×品牌曝光度，是三者疊加產生的結果。

全球著名管理學大師、商界教皇湯姆．彼得斯（Tom Peters）說過：「我們每個人都是『自己』這家公司的首席執行官。最重要的工作就是打造那個叫作『你』的品牌。」

平時經常有學員會說：「兔媽，新手也能打造自己的品牌嗎？」其實，一年前我也是和你一樣的新手。透過不斷經營，讓越來越多學員和商家知道我、認可我、信任我。我把自己逆襲的經驗，總結成一套適合所有新手的影響力增強模型。

影響力增強模型的四個要素

所謂影響力增強模型，就是透過學習輸入，形成自己的思維體系，並進行多管道輸出。然後吸引好的資源找到你，一起合作打造案例。最後覆盤案例、總結經驗，再進行多管道輸出。輸出又會吸引新資源，然後再打造案例，這樣就可以形成正向迴圈，讓你的影響力不斷增強（見下頁圖15）。而影響力增強模型則包含以下四個要素。

圖 15　影響力增強模型

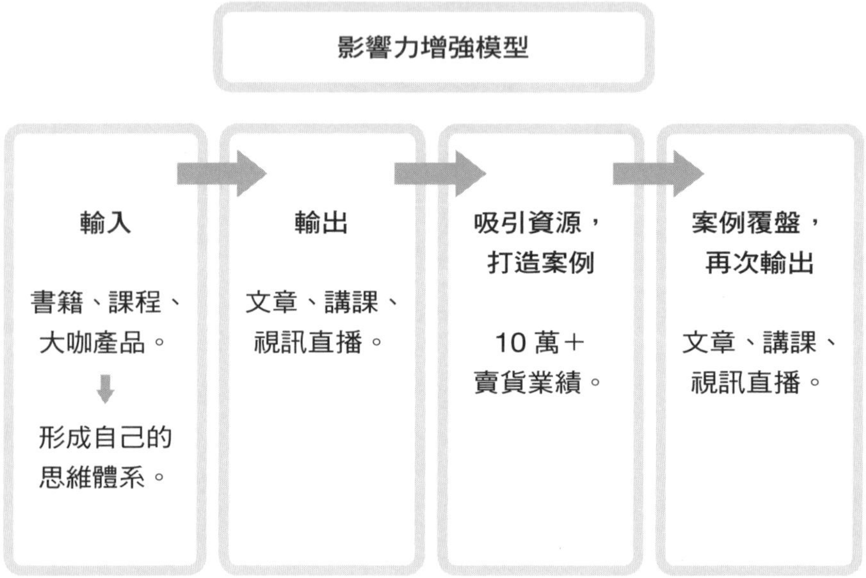

第一個要素：輸入。

輸入就是透過學習，把別人的知識輸入自己的大腦，提升專業技能。輸入形式有很多，比如你可以買一些專業書籍、課程，也可以關注領域內前十的公眾號，看大咖總結的經驗文章等。

這裡需要注意一個陷阱，就是不能為了學習而學習，而是要帶著目的去學習。

第一，先把要學的技能拆分成不同要點，列出自己要提高的技能。

第二，想一想這個領域最靠譜的資訊源在哪兒，分別找到排名前十的老師、書籍、公眾號和課程。

第三，歸納、總結，形成自己的思維體系。這是需要特別注意的一點，否則，照抄別人的東西就是侵犯智慧財產權。可能有讀者會說：「兔媽，我不會總結呀！」其實，沒那麼難。你只需要把自己的理解以及對問題的重新思考寫出來。實在不行，你就把學到的內容用自己的方式和語言風格表達一遍。

第二個要素：輸出。

輸出有三種形式：一是文字輸出，就是寫文章。二是語言輸出，就是講課。三是影片輸出，比如抖音、快手等短視訊直播。

首先是文字輸出。

你可以把學習的內容進行歸納、總結，發表在自己的公眾號、簡書（按：中國的創作平臺）、頭條號上等，這樣就會得到更多的曝光機會。如果你的文章寫得還不錯，就會有號主轉載，甚至還會有出版社找你簽約寫書等。比如剛開始，我就每週在公眾號上寫一篇文章，總結自己的文案方法，就被很多平臺和號主轉載，當時每天都有幾個人透過其他平臺看到我的文章，主動加我微信。

另外，你也可以去知乎、悟空問答、果殼問答等問答平臺回答專業領域的提問，用自己學到的內容幫別人解決問題。這樣既幫助了別人，也打造了自己的影響力。

還有一些生活社區，比如小紅書等。我有位學員，她原來是一個六十五公斤的胖子，透過正確的方法三個月減到五十三公斤。她就在小紅書上分享自己的瘦身方法，積累了十多萬個粉絲。當她在瘦身領域的影響力越來越大時，就可以開展瘦身課程，甚至賣相關的瘦身產品來變現了。

其次是講課。

你可以透過免費公開課的方式讓更多人知道你，進而擴大自己的影響力。比如，在千聊、網易雲課堂（按：中國網路音樂平臺）、荔枝微課、小鵝通等知識付費平臺開通自己的直播間。你也可以自己籌備微信群分享課，讓好友、公眾號粉絲幫你轉發，吸引對主題感興趣的人來聽你的分享。

講課的好處有三點：第一，如果你的課有價值，聽課的人會自動擴散，讓越來越多人知道你。第二，一次課程是三十到六十分鐘，在這段時間裡，你就能對一群人產生影響，更容易被記住。第三，你有更多機會被領域內的KOL和專業平臺看到，獲得合作機會。

比如二〇一八年十月，我在荔枝微課籌備了一次線上公開課。唯庫運營（按：課程類網站）負責人看到後就邀請我合作，做了一次三天文案訓練營。他們幫我在唯庫旗下三個公眾號發了專題推文進行宣傳，最終聽課人數累計一萬九千兩百多人。這次分享後，越來越多的平臺和KOL邀請我做分享，讓我獲得了更多的曝光機會。

最後是視訊直播。

現在短視訊平臺擁有大量的流量，比如抖音有十億用戶，火山、快手等視訊平臺也各有一億用戶。你可以把學習的內容錄成短影片上傳，讓更多人知道你。

第三個要素：吸引資源，打造案例。

只要你持續輸出，就會被一些有資源的合作方看到，這樣就可以獲得合作機會，打造自己的案例。

比如，很多商家看到我寫的文章和爆文拆解，就來找我寫產品文案，這樣我就積累了越來越多的案例。很多專業平臺和社群KOL看到我的分享能力，也來請我做分享。

再如，有一位學員叫彭妮子，她經常寫關於化妝的文章，有平臺看到後就邀請她講化妝方面的課程。還有一個時尚類公眾號和她簽了長期合作協定，她在美妝領域的影響力也越來越大。

第四個要素：案例覆盤，再次輸出。

什麼意思呢？就是你做出案例之後，還要及時覆盤，總結好的經驗，然後再透過寫文章、講課的形式輸出。只有把案例說出去，你的成績才能累積到個人品牌上，你的影響力才會越來越強大。

但經常有學員會說：「兔媽，成績不亮眼，怎麼辦？」很多人有個誤解，以為必須做出千萬級案例才算案例，其實不是的，普通人也可以有光環。比如你幫別人寫的文案，閱讀量雖然只有一千次，但相比於原來也提升了一．五%，你就可以說：「幫客戶推文點擊率提升一．五%。」類似的還有：一篇文案銷售五萬元的產品、一個月服務過××位商家、二十萬粉絲公眾號簽約作者、××知名品牌推文作者等。

比如有位暖心的學員，她用我教的方法幫朋友寫了一條果凍橙（按：又稱香橙）的朋友圈文案，五分鐘賣掉了八箱。我讓她覆盤發出來，當晚精準漲粉十六人，並連結到了兩個客戶，付費找她做朋友圈文案。

當你一點點積累案例、一次次覆盤輸出，就會不斷吸引更多、更好的資源，然後正向迴圈。在這個過程中，你的影響力也會越來越強。

很多人會擔心：「這個過程是不是需要很長時間？」其實，只要你用心執行，也就幾個月的事。不過，我會教你一些方法，來儘量縮短這個過程。

用兩招借勢，打造影響力事半功倍

第一，加入圈子。

加入圈子可以讓你掌握最新的趨勢和方法，更重要的是借助高勢能人群提高自身勢能。你可以付費加入一些垂直學習社群、線下活動交流群、商務行業社群等，這些社群可以透過行業網站、公眾號等獲得進群方式。除此之外，還可以加入一些付費課程和訓練營等。

為什麼推薦付費方式呢？因為這裡的成員養成了為知識付費的習慣，更優質。

但注意的是，光加入還不行，你還要搶占圈子的頭部。只有這樣，你才有機會被更多人看到。如何搶佔頭部呢？這裡給你三點建議。

首先，在圈子裡持續輸出實用文章。比如有位叫悟空的學員，她每天在我的社群輸出實用文章。我看到後覺得不錯，就邀請她做個專題分享，最後有五百人來聽她分享。

其次，情商高一點、活躍一點、勤快一點。比如，主動關注社群主接下來要做什麼、哪些是你可以幫他做的。他推出了課程，你可以幫他發朋友圈宣傳。他做用戶調查研究，你積極參與。另外，很多群主比較忙，不可能天天泡在社群裡，你可以擔任助手的角色，解答成員問題，維持社群秩序，讓群主看到你的價值。

最後，多參加比賽。很多社群為了提升活躍度，會舉辦一些比賽，比如文案大賽、分銷大賽等。你不要怕自己不行，要多參加。因為主辦方會對比賽進行宣傳，這樣你就有更多機會曝光。比如學員羅蘭猗，他付費加入很多社群，不但情商高、活躍，還主動參加各種分銷大賽。現在已經是分銷領域的頭部ＩＰ，越來越多大咖主動與他合作。

第二，主動連結大咖，提供價值。

學會借助他人的力量能幫你快速打造自己的影響力。比如我的助手龐娜，一個九五後陝西姑娘，她大學畢業一年，沒有運營經驗，但多次提出幫我管理社群，我記住她了。所以，在四、五個人中最後選了她做助理。她成了兔媽多個學習社群的群主，很多學員主動加她微信，也讓更多人知道她、記住她。

總之，當你影響力不大時，你可以多給沒有能量的人提供價值，讓別人喜歡你。在有能量的名人面前，多展現自己的價值，讓他願意給你機會、幫你賦能。

另外要注意的是，你還要建立自己的核心粉絲群。透過聚集群友，讓自己成為群裡的意見領袖，擴大自己的影響力。比如，有位學員叫西湖玉貝，她透過加入圈子、輸出價值，連結一些粉絲，建立了讀書打卡群，經常推薦自己看過的好書、分享讀書心得。這樣在給別人提供價值的同時，也擴大了自己的影響力。

掌握了正確的方法，就能打造出影響力嗎？不一定。經常有學員說：「兔媽，我要寫一百篇文章。」、「兔媽，我要出兩本書。」目標很遠大，但就像跑步，你剛開始能跑十公里，但一上來就要跑四十二公里，非但完成不了，還會產生挫敗感，最後往往是不了了之。

三個規畫目標，打響個人品牌

首先，你要明白目標的三個標準，分別是可量化、有一定難度和有評估回饋。

可量化，就是目標要包含具體的任務和時間數字，以便知道完成了多少。目標需要有一定難度的原因是，完成後會帶來更多成就感。有評估回饋，就是任務完成後，要評估效果以及如何調整。

舉個例子：你要成為文案講師。可以先設置這個目標：兩個月時間，輸出十五篇乾貨文章，進行一次微課分享，實現精準漲粉三百人、聽課人數兩百人。

第一個標準是可量化，就是：兩個月時間，十五篇實用文章，一次微課分享，漲粉三百人，聽課兩百人。

第二個標準是有一定難度，體現在：實現精準漲粉三百人、聽課人數兩百人。

第三個標準是有評估回饋，主要是評估：漲粉和聽課人數達到了嗎？如果沒有達到，問題出在哪裡？甚至可以發紅包給粉絲和大咖，讓他幫你提建議。如果達到了，與對標榜樣相比，哪方面還可以提升，如何調整等。

設定目標是成長的重要手段，越精確、越嚴密，達到的效果越好。在正向激勵和回饋中，慢慢完成自己的升值和影響力提升。

POINT
爆款文案

- 影響力增強模型的四個要素：第一，透過書籍、課程不斷輸入知識，形成自己的思維體系。第二，透過文章、講課、視訊直播，持續輸出自己的見解和觀點。第三，吸引資源，打造案例。第四，覆盤案例，總結經驗，再透過文章、講課等方式輸出。
- 打造影響力的兩個加速器：第一，加入圈子，並努力擠入圈子的頂端。第二，主動連結大咖，提供價值。向厲害的人借勢，你也能做到事半功倍。
- 用可量化、有一定難度、有評估回饋三個要點規畫目標，讓你的個人品牌越來越閃亮。當你產生十倍的影響力，就能獲得收入的十倍增加。

Biz 372

7,000 萬爆款文案賣貨聖經

最強文案產生器，超過 50 家電商指名文案操盤手兔媽，親自示範，照套就賣翻！

作　　者／兔媽（李明英）
責任編輯／黃凱琪
校對編輯／陳竑悳
美術編輯／林彥君
副總編輯／顏惠君
總 編 輯／吳依瑋
發 行 人／徐仲秋
會　　計／許鳳雪
版權專員／劉宗德
版權經理／郝麗珍
行銷企劃／徐千晴
業務助理／李秀蕙
業務專員／馬絮盈、留婉茹
業務經理／林裕安
總 經 理／陳絜吾

國家圖書館出版品預行編目（CIP）資料

7,000 萬爆款文案賣貨聖經：最強文案產生器，超過 50 家電商指名文案操盤手兔媽，親自示範，照套就賣翻！／兔媽（李明英）著 . -- 初版 . -- 臺北市：大是文化有限公司，2021.10
368 面；17×23 公分 . --（Biz；372）
ISBN 978-986-0742-78-7（平裝）

1. 廣告文案　2. 廣告寫作

497.5　　110011603

出 版 者／大是文化有限公司
臺北市 100 衡陽路 7 號 8 樓
編輯部電話：（02）23757911
購書相關資訊請洽：（02）23757911 分機 122
24 小時讀者服務傳真：（02）23756999
讀者服務 E-mail：haom@ms28.hinet.net
郵政劃撥帳號／ 19983366　戶名／大是文化有限公司

法律顧問／永然聯合法律事務所
香港發行／豐達出版發行有限公司
Rich Publishing & Distribution Ltd
香港柴灣永泰道 70 號柴灣工業城第 2 期 1805 室
Unit 1805, Ph.2, Chai Wan Ind City, 70 Wing Tai Rd, Chai Wan, Hong Kong
Tel：2172-6513　Fax：2172-4355　E-mail：cary@subseasy.com.hk

封面設計／FE 設計 葉馥儀
內頁排版／顏麟驊
印　　刷／鴻霖印刷傳媒股份有限公司

出版日期／2021 年 10 月初版
定　　價／新臺幣 460 元
I S B N　978-986-0742-78-7
電子書 ISBN 9786267041017（PDF）
9786267041024（EPUB）